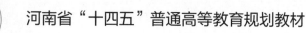

河南省"十四五"普通高等教育规划教材

大学计算机基础实训
（思政版）（微课版）

王昕忠 张永新 主编
赵秀英 伍临莉 孙亦博 副主编
郭晨睿 蒋姝婷 赵旭鸽 付苗苗 参编

清华大学出版社
北京

内容简介

本书从计算机基础知识、计算机的操作系统、Windows 10 操作系统、Word 2019 基本操作、Excel 2019 基本操作、PowerPoint 2019 基本操作、计算机网络基础与应用、多媒体处理技术基础、图像处理、计算机信息安全等方面组织实验项目，在附录中给出了配套的《大学计算机基础》(思政版)(微课版)中习题的参考答案。

本书为河南省"十四五"普通高等教育规划教材重点项目，可与《大学计算机基础》(思政版)(微课版)共同使用。读者可按照两本书中的指导进行学习，利用两本书中提供的习题及答案训练提高，也可单独使用学习实训内容。

本书可作为高等学校非计算机专业教材使用，也可供有一定计算机基础的从业人员学习和参考。

本书封面贴有清华大学出版社防伪标签，无标签者不得销售。
版权所有，侵权必究。举报：010-62782989，beiqinquan@tup.tsinghua.edu.cn。

图书在版编目(CIP)数据

大学计算机基础实训：思政版：微课版/王听忠，张永新主编. —北京：清华大学出版社，2022.8
ISBN 978-7-302-61655-9

Ⅰ. ①大… Ⅱ. ①王… ②张… Ⅲ. ①电子计算机－高等学校－教材 Ⅳ. ①TP3

中国版本图书馆 CIP 数据核字(2022)第 144410 号

责任编辑：汪汉友
封面设计：何凤霞
责任校对：徐俊伟
责任印制：曹婉颖

出版发行：清华大学出版社
    网　　址：http://www.tup.com.cn，http://www.wqbook.com
    地　　址：北京清华大学学研大厦 A 座　　邮　　编：100084
    社　总　机：010-83470000　　邮　　购：010-62786544
    投稿与读者服务：010-62776969，c-service@tup.tsinghua.edu.cn
    质量反馈：010-62772015，zhiliang@tup.tsinghua.edu.cn
    课件下载：http://www.tup.com.cn，010-83470236
印 装 者：北京同文印刷有限责任公司
经　　销：全国新华书店
开　　本：185mm×260mm　　印　张：14.25　　字　数：347 千字
版　　次：2022 年 8 月第 1 版　　印　次：2022 年 8 月第 1 次印刷
定　　价：46.00 元

产品编号：090871-01

前　　言

　　本书为河南省"十四五"普通高等教育规划教材的重点项目,可与《大学计算机基础》(思政版)(微课版)(简称主教材,ISBN 978-7-302-61712-9)共同使用,也可单独使用学习实训内容。

　　本书从计算机基础知识、计算机系统知识、计算机的操作系统、用计算机进行文字处理、表格处理、演示文稿处理、图像处理、计算机网络基础与应用、计算机常用工具、计算机安全等方面的操作技能训练来编排,在每章节中,作者精心设计了涵盖计算机专项能力训练的实验操作任务,每个实验任务以"实验目的、知识储备、任务描述、任务实施"4 个层次展开描述,结构清晰,内容设计合理,读者可以按照本书完成操作训练。

　　为了便于理解书中的知识和技能,主教材每章后面均按照计算机二级 MS Office 等级考试大纲和主教材的知识与技能配有习题,本教材的附录部分提供了主教材习题的参考答案,学生可自测练习。

　　本书与主教材中每章的内容相对应,在学习了主教材后,可借助本书进行上机练习。本书既可作为应用型高等学校、高职高专和成人高校非计算机专业学生计算机基础课程的上机辅导教材,也可供各类计算机培训及自学者使用。

　　本书在计算机行业专家的指导下,由我校公共计算机基础教学经验丰富的一线教师反复商讨,并在此基础上完成编写工作,具有以下特点。

　　(1) 内容与主教材同步,操作步骤详细。针对教材中要求学生掌握的重点、难点和要点设计实验。每章的实验指导都是根据学生实验中的问题编写的。

　　(2) 突出思政特色。本书每个任务的选取都力求融入思政教育元素,注重价值取向,具有鲜明的时代特色,能够适应国家新形势。

　　(3) 教材形态新、内容先进。本书以 Windows 10 和 Office 2019 为平台设计实验内容;为了便于理解书中的知识和操作,每章的主要操作都配有微课视频讲解,通过扫描二维码即可在线高效、自主地学习。

　　(4) 问题实用有趣,注重应用能力的培养。书中实验涉及的应用问题贴近生活,实用、有趣,可使读者在轻松、快乐的氛围中加深理论理解,掌握操作技能。

　　本书由洛阳师范学院的教师编写完成。具体分工如下:王昕忠、张永新负责前期调研、结构与大纲的确定和统稿;第 1、5、8、9 章由赵秀英、伍临莉和孙亦博编写,第 2、7 章由蒋姝婷编写,第 3、6 章由赵旭鸽和付苗苗编写,第 4 章由郭晨睿编写。

　　本书在撰写过程中参阅了众多同类书籍。此外,本书得到了各级领导的精心指导、同事们的大力帮助,以及清华大学出版社编校人员的大力支持,在此一并深表感谢!

　　由于编写时间仓促,编者水平有限,书中难免存在疏漏之处,敬请读者多提宝贵意见。

编　者

2022 年 7 月

目 录

第1章 计算机基础概论 ··· 1
1.1 选择台式机配置单 ··· 1
1.2 装机 DIY ·· 5
1.3 指法练习 ·· 10

第2章 计算机的操作系统 ··· 14
2.1 文件的管理 ··· 14
2.2 控制面板使用 ·· 21
2.3 Windows 10 中的附件 ··· 29
2.4 整理个人文件夹 ··· 37

第3章 用计算机进行文字处理 ··· 41
3.1 制作"我和我的祖国"文档 ··· 41
3.2 制作"厉行节约,反对浪费"宣传页 ·· 47
3.3 制作课程表 ··· 54
3.4 绘制"福"字 ··· 59
3.5 制作"抗疫英雄事迹"宣传文档 ··· 63
3.6 制作"中国剪纸艺术"文档 ··· 67
3.7 毕业论文的排版 ··· 73

第4章 用计算机进行电子表格处理 ··· 83
4.1 制作员工培训成绩表 ··· 83
4.2 制作员工信息表 ··· 91
4.3 制作员工一季度工资统计表 ·· 92
4.4 制作学生成绩单 ··· 96
4.5 店铺业绩的排序与汇总 ·· 96
4.6 学生成绩单的排序与汇总 ··· 99
4.7 统计员工考勤情况 ·· 99
4.8 统计销售情况 ·· 109
4.9 图表的绘制 ··· 109
4.10 绘制质量分析图表 ·· 121

第5章 用计算机处理演示文稿 ··· 122
5.1 制作"校园环境保护"演示文稿 ·· 122

5.2　制作"培养'四有'新人"演示文稿 …………………………… 126
　　5.3　制作"真我风采"演示文稿 …………………………………… 131
　　5.4　制作"爱心志愿"演示文稿 …………………………………… 143

第6章　计算机网络基础与应用 ………………………………………… 145
　　6.1　网络配置的查看与连通测试 …………………………………… 145
　　6.2　局域网内共享打印机 …………………………………………… 148
　　6.3　Microsoft Edge 浏览器的使用 ………………………………… 151
　　6.4　搜索引擎的使用 ………………………………………………… 154
　　6.5　FTP 服务器的使用 ……………………………………………… 158

第7章　常用工具软件 …………………………………………………… 163
　　7.1　编辑 PDF 文件 …………………………………………………… 163
　　7.2　下载电影 ………………………………………………………… 167
　　7.3　剪辑音频 ………………………………………………………… 170
　　7.4　识别新闻图片中的文字 ………………………………………… 174

第8章　用计算机进行图像处理 ………………………………………… 177
　　8.1　滤镜抠图 ………………………………………………………… 177
　　8.2　蒙版抠图 ………………………………………………………… 180
　　8.3　制作雾状效果 …………………………………………………… 182
　　8.4　制作"我和我的祖国"宣传海报 ……………………………… 186
　　8.5　制作证件照 ……………………………………………………… 192
　　8.6　编辑"我和我的祖国"视频 …………………………………… 195

第9章　计算机信息安全 ………………………………………………… 199
　　9.1　杀毒软件的安装和使用 ………………………………………… 199
　　9.2　Windows 防火墙的设置和应用 ………………………………… 210

附录　主教材习题参考答案 ……………………………………………… 217

参考文献 …………………………………………………………………… 220

第 1 章　计算机基础概论

目前,计算机已广泛应用于各行各业,只有熟练掌握计算机基础知识和操作技能,才能适应社会的发展。拥有一台性价比高、兼容性强、调试方便、升级空间大的计算机,是学习计算机技术的物质基础。本章以台式计算机为例,详细介绍计算机系统的硬件组成和各个部件技术参数的含义,帮助读者提高对计算机中各个部件的认识。

1.1　选择台式机配置单

【实验目的】

(1) 了解计算机的基本构成。
(2) 掌握微型计算机的配置原则。

【知识储备】

微型计算机系统由硬件系统和软件系统组成。硬件系统和软件系统相互配合,才能正常工作。从组装的角度看,硬件系统可划分为主机和外部设备(简称外设)两部分,主机包含CPU(中央处理器)、主板、内存条、硬盘、显卡、网卡、声卡、电源等,常用的外部设备包括显示器、键盘、鼠标等。

【实验任务】

1) 任务描述

根据所学知识,结合本地市场信息,提供满足以下 3 种不同用户需求的台式机配置单,并给出配置理由。
(1) 能够支持绝大部分大型 3D 游戏的游戏型台式计算机。
(2) 能够观看高清视频的影音娱乐型台式机。
(3) 能够满足专业音视频处理需求的图形、音像型台式机。

2) 任务实施

(1) 认识微型计算机的主要部件。

① CPU(中央处理器)。中央处理器由算术逻辑运算单元、控制单元、高速缓存和寄存器组成,属于超大规模集成电路。主流 CPU 的性能在各大硬件网站上都能查找到,例如,Intel 公司的酷睿(Core)系列、AMD 公司的 Ryzen Threadripper、Ryzen 9、Ryzen 7、Ryzen 5、Ryzen 3、APU、推土机等系列,如图 1-1 所示。

衡量 CPU 性能高低的指标有字长、CPU 接口类型、主频、制作工艺、缓存等。

- 字长。字长指 CPU 一次可以处理的数据位数,目前 CPU 的字长一般是 64 位。
- CPU 接口类型。CPU 需要通过接口与主板相连。目前 CPU 都采用引脚式接口,与

 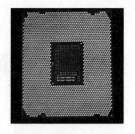

(a) 正面　　　　　　　(b) 背面

图 1-1　Intel 酷睿 i5 8400 外观

主板的插座类型对应。插孔数、体积、形状等参数都不尽相同,所以 CPU 接口类型和插槽类型不匹配的不能互相接插。
- 主频。主频是 CPU 内核工作的时钟频率,单位是吉赫兹(GHz)。CPU 的运算速度与主频有关。
- 制作工艺。制作工艺是指芯片上晶体管和晶体管之间导线连线的宽度,简称线宽,一般用纳米(nm)作为单位。随着制作工艺的提高,CPU 的体积不断变小,集成度不断提高,耗电越来越少。
- 缓存(cache)。缓存是数据交换的缓冲区。当 CPU 要读取数据时,首先从缓存中查找,若找得到,则直接执行;若找不到,则再从内存中查找。由于缓存运行速度比内存快得多,故缓存的作用就是使程序更快地运行。缓存通常分为不同的级别。L1 cache(一级缓存)的容量和结构对 CPU 的性能影响较大,容量通常在 32～256KB;L2 cache(二级缓存)是 CPU 的第二层高速缓存,其容量会影响 CPU 的性能,原则是越大越好,普通台式机 CPU 的 L2 cache 一般为 128KB～2MB;L3 cache(三级缓存)可以在进一步降低内存延迟的同时,提升大数据量计算时的处理器性能。

Intel 酷睿 i5 4590 CPU 的部分技术参数如表 1-1 所示。

表 1-1　Intel 酷睿 i5 4590 CPU 的部分技术参数

性 能 指 标	参　　　数
字长/位	64
插槽类型	LGA 1150
主频/GHz	3.3
制作工艺/nm	22
三级缓存/MB	6
核心与线程数量	四核心、四线程
热设计功耗(TDP)/W	84

② 主板。主板是安装在机箱内最大的一块电路板,是计算机各部件的安装支架。所有部件都要连接到主板上,例如 BIOS 芯片、I/O 控制芯片、面板控制开关、指示灯插接件、插

槽、接口等,如图 1-2 所示。目前,大部分主板还整合了网络、显示和声音处理功能。在主板的背板上有相应的网卡接口、视频接口和音频接口。

图 1-2　技嘉 GA-B85M-D2V 主板

③ 内存。内存是计算机中重要的配件,用于暂时存放 CPU 中的运算数据,以及与硬盘等外存储器交换的数据,因此内存的大小和性能影响着整机的性能。

内存分为随机存储器(RAM)和只读存储器(ROM)两种。计算机工作时,随机存储器中的数据可存可取,在断电后就会丢失;只读存储器中的程序和数据只能被读取,即使断电也不会丢失。

为了节省主板空间,增强配置的灵活性,条形结构是现在最常用的内存模块结构,把存储器芯片、电容、电阻等元件焊在一小条印制电路板上,形成大容量的内存模块,就是常见的内存条。

根据技术标准(即内存接口类型)不同,内存条可分为 DDR、DDR2、DDR3、DDR4 等类型;按使用机型不同,内存条可分为台式机内存条和笔记本计算机内存条,如图 1-3 所示。内存条的性能、速度、容量都是由内存条上的内存芯片决定的。

图 1-3　金士顿 4GB DDR3 1600 内存条

- 内存容量。内存容量是指内存可以容纳的二进制信息量,是内存条的关键性参数。目前台式机中主流采用的内存容量为 8GB 和 16GB。
- 内存主频。内存主频用来表示内存的速度,代表内存所能达到的最高工作频率。目前主流的 DDR4 内存的主频为 3200MHz。
- 接口类型。接口类型是根据内存条引脚(pin)数量进行划分的。台式机内存基本使用 240 或 288 引脚的接口。引脚的数目不同,主板的内存插槽类型也不尽相同。

④ 显卡。显卡是计算机输出图形的硬件,用于将处理后的结果在显示器上显示出来。

显卡具有图像处理能力,可协助 CPU 工作,提高整体的运行速度。显卡分集成显卡和独立显卡两大类。

- 集成显卡是指将显示芯片、显存及其相关电路都做在主板上,与主板融为一体。集成显卡的显示效果与处理性能相对较弱,功耗低,发热量小,成本低。
- 独立显卡是指将显示芯片、显存及其相关电路单独做在一块电路板上,作为一块独立的板卡,安装在主板的扩展插槽上。一般情况下,独立显卡有独立的显存,比集成显卡显示效果好,如图 1-4 所示。

图 1-4　独立显卡的外观

衡量显卡性能的参数有显示芯片、显存大小、显存存取速度、分辨率、技术支持(像素填充率、顶点着色引擎、3D API、RAMDAC 频率)等。

⑤ 硬盘。硬盘是计算机最重要的外存,分为固态盘(solid state disk,SSD)、机械硬盘(即硬盘驱动器,hard disk drive,HDD)、混合硬盘。固态盘采用闪存颗粒存储,机械硬盘采用磁性碟片存储,混合硬盘则是把机械硬盘和闪存颗粒共同使用,如图 1-5 所示。衡量硬盘的性能参数有硬盘容量、硬盘接口等。

- 硬盘容量。目前,硬盘容量一般以吉字节(GB)或太字节(TB)为单位。一般情况下,硬盘的容量越大,其单位字节容量的价格越低。
- 硬盘接口。硬盘接口是硬盘与主机系统之间的连接部件,硬盘接口的类型决定了硬盘与计算机的传输速度。目前,台式计算机硬盘接口主要是 SATA(serial advanced technology attachment interface,串行先进技术总线附属接口),俗称串口,采用串行方式传输数据,数据传输率较高。

图 1-5　希捷 ST1000DM003 外观

⑥ 显示器。显示器是计算机最基本的输出设备。目前最常见的是液晶显示器。

⑦ 键盘和鼠标。键盘和鼠标是计算机最基本的输入设备。常见的输入设备还有扫描仪等。

（2）模拟攒机。

① 在浏览器的地址栏中输入中关村在线（https://www.zol.com.cn/）的网址，打开主页面。

② 打开中关村在线主页上模拟攒机页面。

③ 选择合适的配置单。

在模拟攒机页面中，按照 CPU、主板、内存、硬盘、显卡、机箱、电源、显示器、键盘和鼠标等部件顺序，给定每个部件的选择条件，然后在符合条件的部件列表中选择合适的部件，最后添加到配置单，从而形成一个合适的配置单。

1.2　装机 DIY

【实验目的】

（1）学会识别台式机机箱后背板的接口。

（2）学会组装台式机。

【知识储备】

根据需求选择性价比较高的计算机部件，将所有部件连接到主板上，主板接在机箱里，外部设备从机箱后面接入主板背面的接口上，这个过程就是计算机的组装。主板是计算机系统的支架，控制协调数据流通，是系统核心部件，支持 CPU、各功能扩展卡和各总线接口的正常运行，其性能好坏对计算机性能产生举足轻重的影响。主板上有连接计算机各部件的接口、插槽和插座，如图 1-6 所示。将电源线接在主板供电接口上，给主板和连在主板上的部件供电；将 CPU 接在 CPU 插座上；将内存条接在内存插槽上；将串口硬盘接在 SATA 接口；将独立显卡接在 PCI-E×16 规格的插槽上；将网卡和声卡接在 PCI-E×1 规格的插槽上；其他外部设备一般接在主板背面的接口上，主板背面接口如图 1-7 所示。将 USB 口的键盘、鼠标、打印机和扫描仪等 USB 设备接在计算机的 USB 接口上（如果键盘、鼠标不是 USB 接口而是 PS/2 接口，则鼠标接口一般为绿色，键盘接口一般为紫色）；将显示器接在

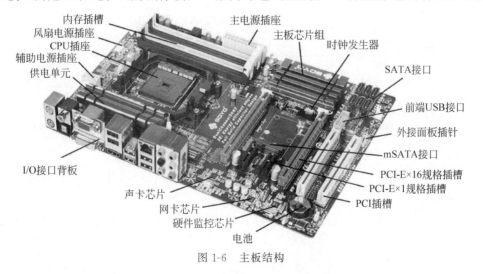

图 1-6　主板结构

VGA、DVI 或 HDMI 接口上。主板背面音频接口一般有 3 个，粉色为传声器（俗称麦克风）输入接口，绿色为音频输出接口（连接耳机或音响），蓝色为音频输入接口（外接设备输入或录音使用）。

图 1-7　主板背面接口

【实验任务】

1) 任务描述

按照常规装机流程把选择的台式机配置单中各部件组装到一起，配置单部件列表如表 1-2 所示。

表 1-2　台式机配置单

配 件 名 称	品 牌 型 号
CPU	Intel 酷睿 i5 8400
散热器	九州风神玄冰 400
显卡	映众 GTX1060-6GD5 黑金至尊版
主板	技嘉 Z370-HD3 主板
内存	威刚 8G DDR4 2400 万紫千红（16GB）2 条
硬盘	西部数据 1TB 64MB 蓝盘
硬盘	影驰 120G 铁甲战将
机箱	大水牛潘多拉 PLUS 七彩呼吸灯
电源	全汉蓝暴炫动 480W 2 代

2) 任务实施

（1）装机前准备。释放身上所带的静电，准备好工具：大、小十字旋具（俗称螺丝刀）各一把、扎带数根。

（2）安装 CPU。将主板平稳放置于桌面，把主板 CPU 插座上的金属固定杆向外拉成 135°，找到 CPU 表面上的安装标志及主板 CPU 插座上的标志，二者对齐安装即可。CPU 插入完成后，将金属固定杆拉下，锁紧 CPU，如图 1-8 所示。

图 1-8 CPU 安装过程

（3）安装 CPU 散热器。CPU 散热器不同，安装方法也略有不同，具体参照 CPU 散热器中提供的说明书进行安装。此处以九州风神玄冰 400 这款 CPU 散热器为例，说明安装过程。

将 CPU 散热器与组件取出，将 CPU 散热器的圆形底座对准主板 CPU 插座四周孔位插入；另取 4 颗黑色塑料、镙钉组件，分别完全插入四周孔位进行固定；将 CPU 散热器底部的贴纸去除，找到九州风神玄冰 400 的散热器的 4 颗小螺钉，固定架放到散热器底部，使用小十字旋具将固定架安装在散热器底部，如图 1-9 所示。

图 1-9 CPU 散热器固定架安装过程

在 CPU 表面均匀涂抹一层导热硅脂，把 CPU 散热器平稳地放置 CPU 上，将散热器 4 个扣环压入主板预留的 4 个孔内，并向下压紧或拧紧。将 CPU 散热器的电源线插入主板上有 CPU _FAN 字样的电源接口上，如图 1-10 所示。

图 1-10 CPU 散热器安装过程

（4）安装内存条。打开主板上内存条插槽两边的反扣，将内存条的缺口对准插槽上的凸棱，垂直用力插入插槽，反扣会自动锁定，如图 1-11 所示。

（5）安装硬盘。将机箱的两边侧板拆掉，找到机箱硬盘固定架，手托硬盘，将硬盘信息标注面向上送入机箱的 3 寸固定架上，将硬盘上的 4 个孔和机箱固定架上 4 个孔对齐后，用螺钉固定,如图 1-12 所示。

图 1-11　内存条安装过程

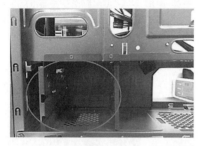 

图 1-12　硬盘安装过程

(6)安装机箱电源盒。机箱后部预留的开口与电源背面螺钉位置对好后,用螺钉固定,如图 1-13 所示。注意,电源固定要牢靠,以免振动产生噪声。

图 1-13　电源安装过程

(7)安装主板。首先将主板的挡板安装到挡板所在安装位置中,如图 1-14 所示。注意挡板的方向,需要对应主板的接口。

图 1-14　主板挡板安装过程

在机箱底板固定孔上打上标记;把铜柱螺钉一一对应地安装在机箱底板上;将主板平行压在底板上,使每个铜柱都能穿过主板固定孔;将细牙螺钉拧到与铜柱螺钉相对应的孔上,如图1-15所示。

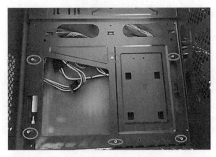 

图1-15　主板安装过程

(8) 安装显卡。主板上均包含数量不等的PCI-E显卡插槽,拆下插卡相对应的背板挡片,将显卡引脚上的缺口对准主板上PCI-E插槽的凸棱,将显卡安装插槽中,用螺钉固定在机箱背板上;连接显卡电源线,如图1-16所示。网卡和声音卡等其他扩展卡安装与显卡安装方法相同。

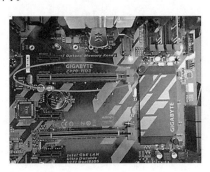 

图1-16　显卡安装过程

(9) 连接电源线、数据线和前置面板插头。各部件的接口一般都有防呆设计,按照安装标记,将主板电源插头插在主板上24引脚的电源插座上;将CPU电源线插入主板上标注"CPU"的供电接口,将硬盘电源线和数据线接入硬盘电源接口和数据接口;机箱前面板USB 3.0插头接在主板上标注USB 3.0的接口上;机箱前面板AUDIO音频插头接在主板上标注AUDIO的插针上。

将SPEAK、HDD LED(硬盘指示灯)、Power LED(电源指示灯)、Power SW(电源开关)和RESET SW(复位开关)5个机箱前面板插头连接到主板上有与插头同样标注的接头上,注意接头的正负标记。彩色线为正极,白色或黑线为负极,如图1-17所示。

(10) 连接外部设备。

① 连接显示器。将显示器的电源接头接在电源插座上,将显示器的数据接头接在机箱背部VGA、DVI等对应类型的显卡输出接口上。

② 连接键盘和鼠标。将键盘和鼠标的USB接头插在机箱背部的USB接口上。

③ 连接音频设备。将耳机与麦克风的接头插在机箱背部带有耳机与麦克风标记的接

图 1-17　前置面板按钮和指示灯连接

口上。

④ 开机测试。打开电源,能顺利出现开机画面,伴随一声短鸣,显示器显示正常的信息即可。

1.3　指法练习

【实验目的】

(1) 熟悉键盘布局。
(2) 了解键盘上各种按键的作用。
(3) 掌握正确的按键方法。
(4) 通过键盘指法练习,养成良好的按键习惯。
(5) 通过指法练习,提高打字速度与准确度。
(6) 熟悉输入法的切换与应用。

【知识储备】

1) 键盘的结构

普通键盘分为 5 个区:主键盘区、数字键盘区、功能键区、编辑键区和指示灯区;有些多功能键盘还增加了一些快捷键,如图 1-18 所示。

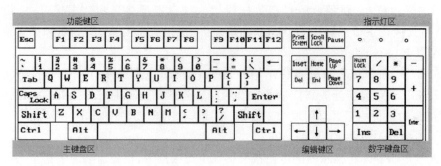

图 1-18　键盘分区图

(1) 主键盘区。主键盘区包括 26 个英文字母、10 个阿拉伯数字,可以完成各种字母、数字、符号和文字的输入。

(2) 数字键盘区。NumLock 键是数字键盘中数字与方向键之间的切换键,当 NumLock 键打开,NumLock 指示灯亮,数字小键盘可用于输入数字和＋、－、*、/,按 Delete 键能输入小数点(.);再按 NumLock 键,NumLock 指示灯灭,数字小键盘处于关闭状态,8、2、4、6 是方向键,Delete 键是删除键。

(3) 功能键区。功能键区包含 Esc 键和 F1~F12 键,相当于程序的快捷键,不同的程序定义也不同,一般情况下,按 F1 键即可显示帮助文档。

(4) 编辑键区。编辑键区包括用于插入字符的 Ins 键、用于删除当前光标位置的字符的 Delete 键、将光标移至行首的 Home 键和将光标移至行尾的 End 键、向上翻页的 PageUp 键和向下翻页的 PageDown 键,以及方向键。

(5) 指示灯区。指示灯区有 3 个指示灯,分别是数字键开启指示灯 NumLock、大小写切换指示灯 CapsLock、滚动锁定键指示灯 ScrollLock。

2) 正确的指法

(1) 手指的初始位置。开始打字前,左手小拇指、无名指、中指和食指应分别轻轻放在 A、S、D、F 键上,右手的食指、中指、无名指和小拇指应分别轻轻放在 J、K、L、;键上,两个大拇指则虚放在空格键上。基本键位是打字时手指所处的基准位置,按其他任何键,手指都是从这里出发,按完后立即退回到基本键位。

(2) 手指的分工。其他键的手指分工:左手食指负责的键位有 4、5、R、T、F、G、V、B 这 8 个键,中指负责 3、E、D、C 这 4 个键,无名指负责 2、W、S、X 键,小指负责 1、Q、A、Z 及其左边的所有键位。右左手食指负责 6、7、Y、U、H、J、N、M 这 8 个键,中指负责 8、I、K、,这 4 个键,无名指负责 9、O、L、.这 4 个键,小指负责 0、P、;、/及其右边的所有键位。按任何键,只需把手指从基本键位移到相应的键上,正确输入后,再返回基本键位即可。键盘按键手指分工如图 1-19 所示。

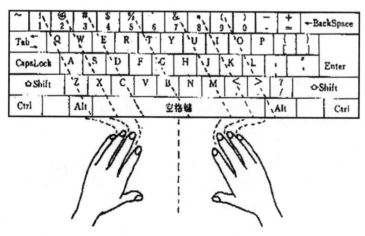

图 1-19　键盘按键手指分布图

3) 常用按键功能

键盘上常用按键的功能如表 1-3 所示。

表 1-3 常用按键的说明

按 键	说 明
Esc	退出键或转义键
CapsLock	大写字母锁定键
BackSpace	退格键,删除前面的字符
PrintScreen	截屏键
Pause/Break	暂停键
Home/End	光标返回最顶端或底端
Enter/Return	回车键,确认
Tab	制表键
Shift	上挡转换键
Delete	删除键
ScrollLock	滚动锁定键
Insert	插入与改写状态切换键
PageUp/PageDown	向上/向下翻页键
NumLock	数字小键盘锁定键
Fn	功能键,与其他按键组合运用
Alt	替换键。单独按以激活菜单及带下画线的选项;也可组合运用
Ctrl	和其他键组合使用。如 Ctrl+C 组合键用于复制,Ctrl+V 组合键用于粘贴

【实验任务】

任务 1 熟识键盘

1) 任务描述

(1) 画出各按键的位置。

(2) 学会正确击打键位的方法。

(3) 熟记常用按键的功能。

2) 任务实施

(1) 仔细观察任意计算机上的键盘,划分 5 个分区,并熟记键盘按键位置。

(2) 熟悉各手指负责的按键区域,学会正确的指法并养成正确按键习惯。

(3) 熟记表 1-3 中各功能键的功能和用法。

任务 2 打字训练

1) 任务描述

(1) 在记事本中输入文章《荷塘月色》的内容,进行字母、数字、符号和汉字输入练习。

(2) 在线打字练习,测试中英文打字速度。

2)任务实施

(1)新建一个文本文档。

(2)在文本文档中输入文章《荷塘月色》的内容,注意中英文的切换。

(3)打开浏览器,搜索"金山打字通在线学习",选择"测试中英文打字",开始测试,将测试结果截图保存。

第 2 章 计算机的操作系统

Windows 10 是由美国微软(Microsoft)公司开发的操作系统,是目前普及较广的操作系统。与 Windows 以往的操作系统相比,Windows 10 具有更易用、更快速、更简单、更安全等特点。

2.1 文件的管理

【实验目的】

(1) 了解文件的查看方式。
(2) 掌握文件和文件夹的整理。
(3) 学会删除文件和文件夹。

【知识储备】

计算机中所有的信息都是以文件为单位存储在磁盘上的,所以学习 Windows 的操作在很大程度上是学习文件与文件夹的操作。如今的学习、工作都离不开计算机,使用计算机的同时也会产生大量的文件,未经管理的文件会给其查找和使用带来许多麻烦,因此,为了便于文件的查看和使用,就需要学会文件和文件夹的操作和管理。

【实验任务】

任务 1 查看文件和文件夹

1) 任务描述
(1) 以详细信息方式显示文件。
(2) 按照文件类型排列文件。
(3) 将文件属性设置为隐藏。

2) 任务实现
(1) 查看文件夹。如果想了解某个文件夹中包含的内容,只需双击这个文件夹,系统将显示其对应的窗口。若窗口中仍有文件夹,可以用同样方式继续打开。若想返回上一级文件夹,可以单击工具栏中的向上↑按钮;想返回前面访问过的磁盘或文件夹时,可以单击工具栏中的后退←按钮,或单击←按钮右边的下拉按钮,在其下拉列表中选择一个要返回的位置。在单击←按钮之后,前进→按钮由原来的浅色变为深色,此时可以单击→按钮,进入最近访问过的磁盘或文件夹。图 2-1 所示为查看文件和文件夹。

(2) 选择文件列表的显示方式。在"此电脑"窗口上方的"查看"菜单中,给出了"缩略图""平铺""图标""列表"和"详细信息"5 种文件列表的显示方式供操作时选择。例如,当选择"详细信息"时,系统将显示出文件或文件夹的大小、类型、修改日期等比较详细的内容。

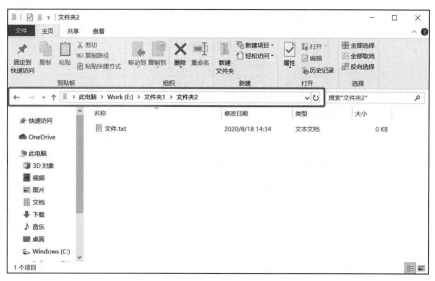

图 2-1 查看文件和文件夹

（3）图标的排列。为了便于查找，可对文件进行重新排列。单击"查看"按钮或在窗口空白处右击，在弹出的快捷菜单"排列图标"选项的子菜单中给出了"名称""大小""类型""修改时间""按组排列"等方式。选中其中一种，系统将按其所选定方式对图标进行重新排列，如图 2-2 所示。

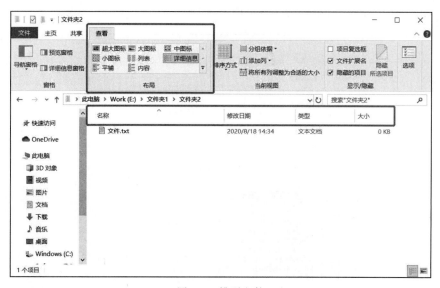

图 2-2 排列文件

（4）隐藏文件或文件夹。在打开的窗口中选中要隐藏的文件或文件夹并右击，在弹出的快捷菜单中选中"属性"选项，将弹出如图 2-3 所示的对话框。选中"隐藏"复选框，单击"确定"按钮。

（5）重新显示被隐藏的文件或文件夹。当某文件或文件夹的属性设置为"隐藏"后，则无法被看到。如果想使其重新被正常显示，可取消其"隐藏"属性。操作方法如下：

图 2-3 文件属性对话框

① 打开被隐藏文件或文件夹所在窗口,选中"工具"|"文件夹选项"菜单项,弹出"文件夹选项"对话框。

② 单击"查看"标签,切换到"查看"选项卡,如图 2-4 所示。

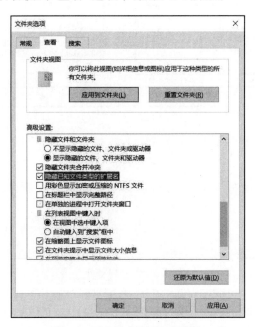

图 2-4 "文件夹选项"对话框

③ 在"高级设置"列表框中,选中"显示隐藏的文件、文件夹和驱动器"单选按钮。

④ 单击"确定"按钮,被设置为隐藏的文件或文件夹将重新在所在窗口中显示出来。

任务 2 整理计算机中的文件

1）任务描述

将磁盘（例如 F:）资料汇总文件夹中凌乱的文件按照文件格式分类整理到不同的文件夹中。

2）任务实现

（1）打开 F:盘中资料汇总文件夹，将文件按照类型排列进行查看，如图 2-5 和图 2-6 所示。

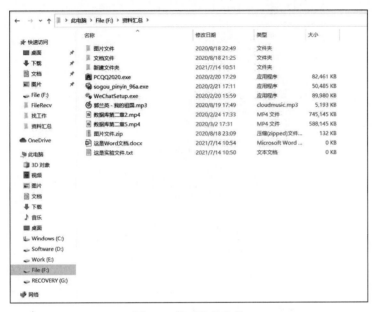

图 2-5 排列前的文件

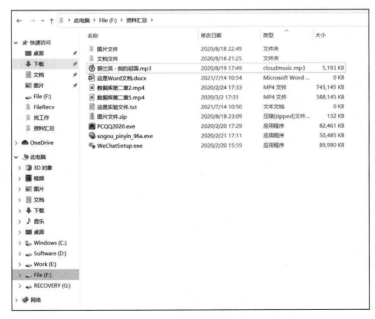

图 2-6 重新排列的文件

（2）新建文件夹。在文件夹中新建若干个文件夹并修改名称，如图2-7和图2-8所示。

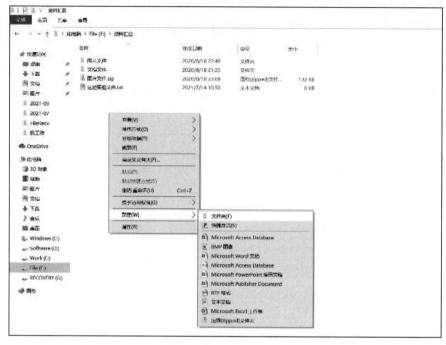

图 2-7　新建文件夹

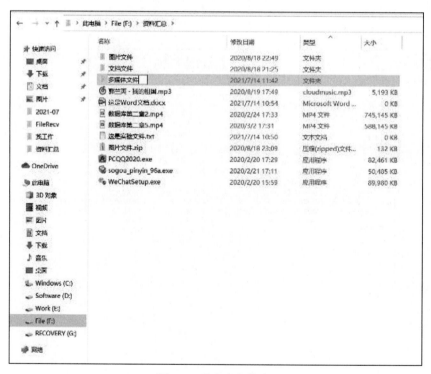

图 2-8　重命名文件夹

(3)将不同类型的文件放入相对应的文件夹,如图 2-9 所示。

图 2-9　整理好的文件夹

任务 3　删除文件或文件夹

1）任务描述

将影视文件夹中的文本文件彻底删除。

2）任务实现

(1)打开文件夹窗口。

(2)选中需要删除的文件或文件夹(此处是"影视"文件夹)并右击。

(3)在弹出的快捷菜单中选中"删除"选项。

(4)在弹出的"删除文件"对话框中单击"是"按钮,即可将所选文件或文件夹移动至回收站中,如图 2-10 所示。

(5)彻底删除文件或文件夹。打开"回收站"文件夹窗口,如图 2-11 所示。

(6)单击工具栏中的"清空回收站"按钮,将彻底删除回收站中的所有文件和文件夹。

(7)若仅需单独删除某个文件或文件夹,则需右击文件或文件夹,在弹出的快捷菜单中选中"删除"选项,将弹出如图 2-12 所示的"删除文件"对话框。单击"是"按钮,即可永久性删除该文件或文件夹。

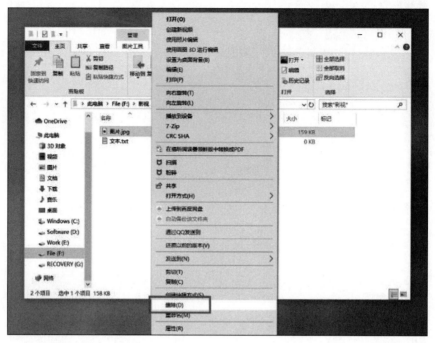

图 2-10　删除文件

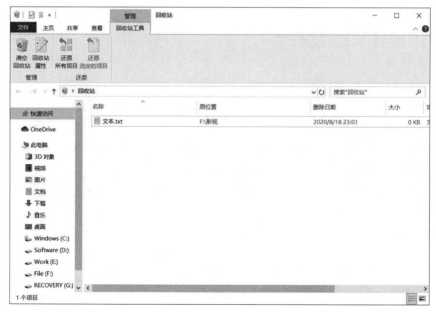

图 2-11　回收站

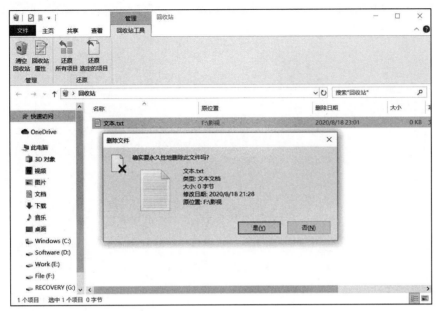

图 2-12 永久删除文件

2.2 控制面板使用

【实验目的】

(1) 了解控制面板视图的查看方式。
(2) 学会鼠标和键盘的属性设置。
(3) 掌握默认打印机的设置方法。

【知识储备】

控制面板集中了用来配置系统的全部应用程序,允许用户查看并进行计算机系统软、硬件的设置和控制,因此对系统环境进行添加硬件、添加删除软件、控制用户账户、外观和个性化设置等调整和设置,一般都要通过控制面板进行。Windows 10 提供了类别视图和图标视图两种控制面板界面,其中类别视图允许打开父项并对各个子项进行设置;图标视图有两种显示方式大图标和小图标,在图标视图中能够更直观地看到计算机可以采用的各种设置。

【实验任务】

任务 1 添加新用户

1) 任务描述

以管理员的身份为计算机添加名为 xiaoming 的账户,密码设置为 123。

2) 任务实现

(1) 打开控制面板,选中左侧的"用户账户",如图 2-13 所示,再选中右侧的"用户账户",将显示"用户账户"对话框,如图 2-14 所示。在"用户账户"对话框中可以对当前用户的账户名称和账户类型进行更改，也可以管理其他账户。

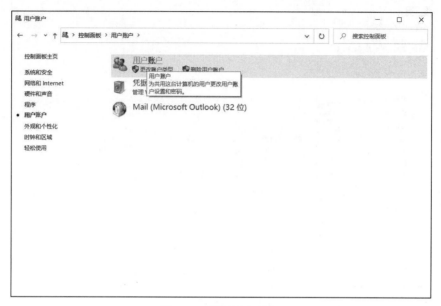

图 2-13　设置用户账户

图 2-14　"用户账户"对话框

（2）在"用户账户"对话框中单击"管理其他账户"选项，在弹出的如图 2-15 所示的对话框中单击"在电脑设置中添加新用户"，打开"家庭和其他用户"窗口，选中"将其他人添加到这台电脑"选项，系统会默认添加一个 Microsoft 账户，如图 2-16 所示。

（3）由于没有此类账户，选择"我没有这个人的登录信息"，如图 2-17 所示。在下一个窗口中选择"添加一个没有 Microsoft 账户的用户"，会打开图 2-18 所示的填写用户信息的窗口，根据需要指定用户名 xiaoming 和密码 123，同时还要填写"如果你忘记了密码"的三

图 2-15 "管理账户"对话框

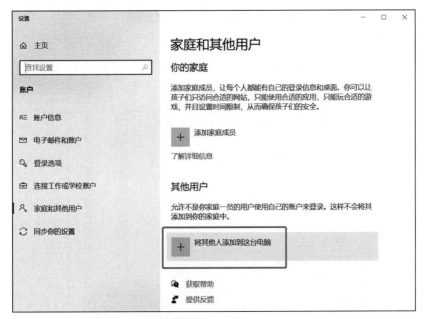

图 2-16 添加账户

个安全问题及答案。

（4）单击"下一步"按钮，返回"家庭和其他用户"窗口。此时，用户会发现，xiaoming 这个用户已添加到系统中，如图 2-19 所示。

任务 2　设置鼠标和键盘

1）任务描述

将鼠标的设置调为显示鼠标指针轨迹，并将参数调到长。将键盘的光标闪烁速度调快。

图 2-17 "Microsoft 账户"对话框

图 2-18 填写用户信息示意图

2)任务实现

(1)在"控制面板"中选中"硬件和声音",打开"硬件和声音"设置窗口。

(2)选中"设备和打印机"选项组中的"鼠标",如图 2-20 所示,弹出"鼠标 属性"对话框,单击"指针选项"选项卡,如图 2-21 所示,在"可见性"栏中,选中"显示指针轨迹"复选框并拖

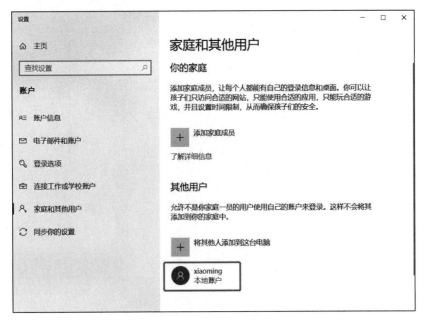

图 2-19　xiaoming 的账户

动滑块至最右边。单击"滑轮"选项卡,如图 2-22 所示,在"垂直滚动"栏中,将一次滚动的行数调为 5。

图 2-20　硬件和声音

(3) 在"小图标"查看方式的"控制面板"中选择"键盘",如图 2-23 与图 2-24 所示,弹出"键盘属性"对话框。

(4) 在弹出的"键盘 属性"对话框中,可以对键盘的"重复延迟""重复速度"及"光标闪

图 2-21 "指针选项"选项卡

图 2-22 "滑轮"选项卡

烁速度"进行调整并体验调整后的效果。单击"速度"选项卡,将"光标闪烁速度"调至"快",如图 2-25 所示。

任务 3　设置打印机

1）任务描述

将默认打印机设置为 Foxit PDF 打印机,此打印机会将文件直接打印成 PDF 文件。

图 2-23　修改控制面板查看方式

图 2-24　选中"键盘"

2）任务实现

（1）在"控制面板"中选中"硬件和声音"选项，再选中"查看设备和打印机"，打开"设备和打印机"窗口，如图 2-26 所示。

（2）在某 Foxit 打印机图标上右击，在弹出的快捷菜单中选中"设置为默认打印机"选项，如图 2-27 所示。默认打印机的图标左下有一个"√"标识，如图 2-28 所示。

图 2-25 "键盘 属性"对话框

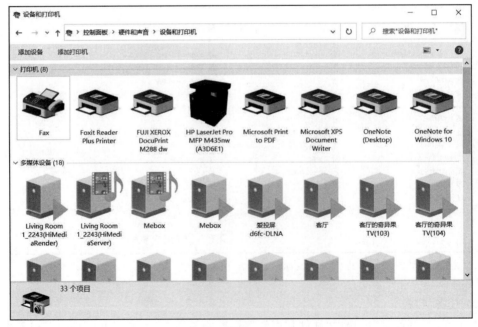

图 2-26 "设备和打印机"窗口

图 2-27　设置默认打印机

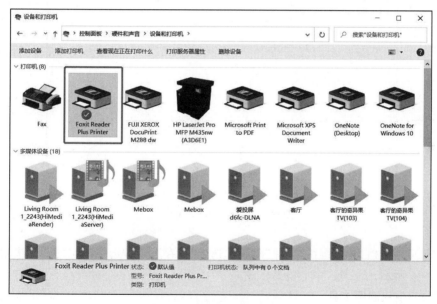

图 2-28　默认打印机设置成功

2.3　Windows 10 中的附件

【实验目的】

（1）了解 Windows 10 中的附件。
（2）掌握 Windows 10 中附件的使用方法。

【知识储备】

Windows 10 的附件中附带了许多小工具，例如记事本、写字板、画图、截图工具、计算器、放大镜等。这些工具虽然功能简单，但可让用户在使用计算机时更加便捷、更有效率。本节选取其中一些小工具进行介绍。

【实验任务】

任务 1　使用记事本

1）任务描述

创建记事本文本文件并保存。

2）任务实现

（1）记事本的启动方法：在"开始"菜单中选中"所有程序"|"附件"|"记事本"选项，即可打开记事本，如图 2-29 所示。

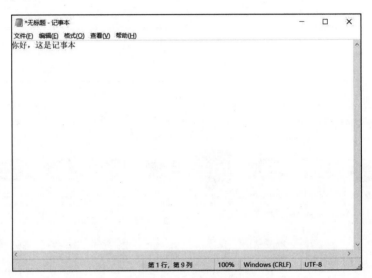

图 2-29　"记事本"窗口

（2）创建好文档文件后，在"文件"菜单中选中"保存"选项，选中相应的文件夹后进行保存，如图 2-30 所示。

任务 2　使用画图工具

1）任务描述

使用画图软件制作图片。

2）任务实现

（1）启动画图软件。在"开始"菜单中选中"所有程序"|"附件"|"画图"选项，即可打开"画图"窗口，如图 2-31 所示。画布是主要编制图形工作区，绘图和涂色工具位于窗口顶部，功能区中包含了编制图形所需的工具。

（2）新建图像文件。在"文件"选项卡中选中"打开"或"新建"选项，"画图"程序可以创建并支持 BMP、JPG、IMG 等图形格式文件。

图 2-30 保存记事本文件

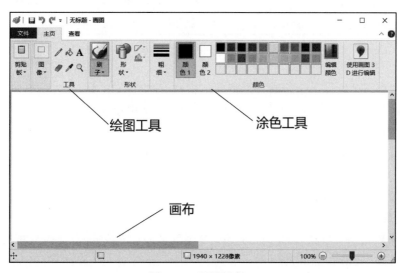

图 2-31 "画图"窗口

（3）选择画布的尺寸。在开始绘画前，首先要确定画布的尺寸和颜色。单击"画图"按钮，选中"属性"选项，在弹出的"映像属性"对话框中设置画布的尺寸和颜色，如图 2-32 所示。

（4）设置颜色。在"主页"选项卡的"颜色"选项组中，单击"颜色 1"按钮，再选中某颜色作为前景色；单击"颜色 2"按钮，再选中要使用的某颜色作为背景色；若所需颜色在调色板中没有，可通过"编辑颜色"选项添加新的颜色到调色板中。

（5）实用工具绘制直线。在"主页"选项卡的"形状"选项组中，单击"直线"按钮；在"颜色"选项组中，单击"颜色 1"按钮，再选中要使用的颜色，最后在绘图区域拖动指针进行绘制，如图 2-33 所示。

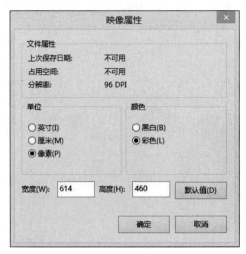

图 2-32 "映像属性"对话框

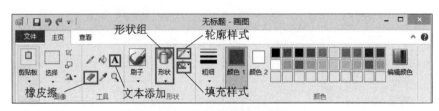

图 2-33 工具栏的常用命令

（6）铅笔和刷子可以用于绘制自由形状。操作步骤是，在"主页"选项卡的"工具"组中单击"铅笔"按钮。在"颜色"组中单击"颜色1"按钮，再选中使用的颜色，最后在绘图区域拖动指针即可生成曲线，绘制太阳的火焰。

（7）使用"多边形"形状工具绘制房子、门窗、烟囱和太阳。在"主页"选项卡的"形状"组中选中需要的形状，在绘图区域拖动指针生成该形状。

如果需要更改图形的边框样式，在"轮廓"组中选中边框样式；若不希望形状具有边框，则选中"无轮廓线"选项。

更改填充样式，在"填充"组中选中纯色、蜡笔等某种填充样式；若不希望填充形状，则选中"无填充"选项，效果如图2-34所示。

（8）添加文本。在"主页"选项卡的"工具"组中单击"文本"按钮，在绘图区域拖动指针，输入要添加的文本"李小明的家"。在"文本工具｜文本"选项卡的"字体"组中选中字体、大小和样式，如图2-35所示。

（9）用橡皮擦工具上色。橡皮擦工具可以更改图片中的部分内容，默认情况下，橡皮擦将所擦除的任何区域更改为白色，但可以更改橡皮擦颜色。例如，如果将背景颜色设置为黄色，则所擦除的任何部分都将变成黄色。在"主页"选项卡的"工具"组中单击"橡皮擦"按钮。若要改变背景颜色，则单击"颜色2"按钮，然后选中希望的颜色，最后在要擦除的区域内拖动指针即可。在此次任务中，需要把颜色1设置为白色，颜色2设置为绿色，用橡皮画出小草，如图2-36所示。

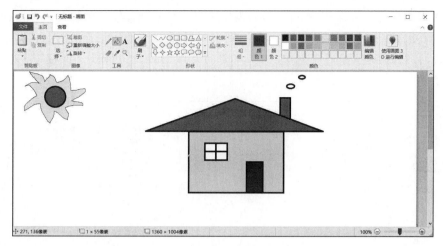

图 2-34　使用工具绘制的图片

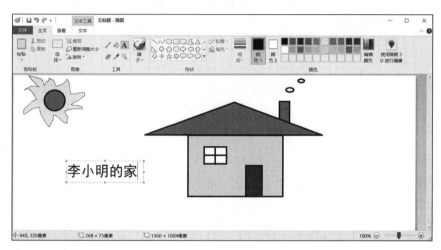

图 2-35　添加文本框

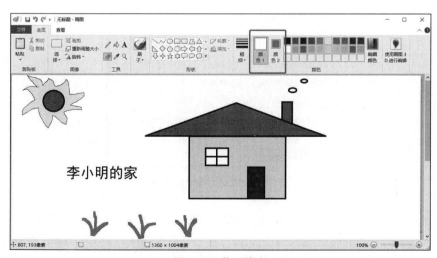

图 2-36　使用橡皮

(10)保存文件。要保存绘制的图形,需单击"保存"按钮■,保存上次保存之后对图片所做的全部更改。如果首次保存新的图片,则出现"保存为"对话框,在"文件名"文本框中输入文件名,在"保存类型"列表框中,选择需要的文件格式,然后单击"保存"按钮即可,如图 2-37 所示。

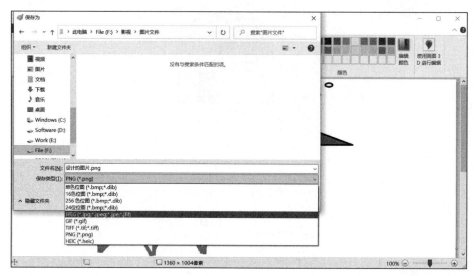

图 2-37 保存文件

任务 3 使用截图工具

1) 任务描述

使用 Windows 10 自带截图软件进行文件窗口的截取。

2) 任务实现

(1) 启动截图工具。在"开始"菜单中选中"Windows 所有程序"|"附件"|"截图工具"选项即可。

(2) 在截图工具的界面上单击"新建"按钮,在下拉菜单中选中需要的截图模式,截图模式有任意格式截图、矩形截图、窗口截图、全屏幕截图 4 种,如图 2-38 所示。

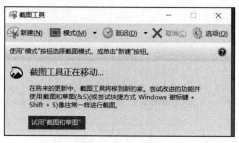

图 2-38 "截图工具"对话框

(3) 选择矩形截图。首先将需要截图的窗口显示在桌面上,注意不要被其他窗口遮挡;弹出"截图工具"对话框,选中"新建"下拉菜单中的"矩形截图"菜单项;选中需要捕获的部分,截图便显示在"截图工具"窗口中,如图 2-39 所示。

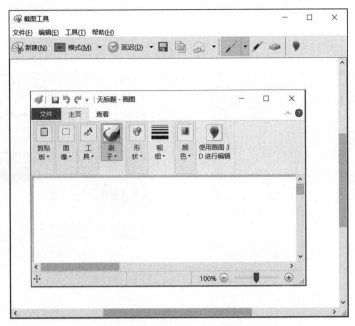

图 2-39 "截图工具"窗口显示截图内容

还可以利用"截图工具"对所截的图片进行涂鸦。在"截图工具"编辑界面上方的工具栏中,可以利用画笔进行绘画,也可以利用橡皮擦单击不满意的部分进行擦除,最后单击"保存"按钮,将截图进行保存。

任务 4　使用计算器工具

1) 任务描述

使用计算器的各项功能。

2) 任务实现

(1) 启动计算器。在"开始"菜单中选中"所有程序"|"附件"|"计算器"选项,启动计算器。计算器拥有 4 种不同的计算模式,每次启动计算器时显示的是"标准"型计算器,如图 2-40 所示。

(2) 启动"科学"型计算器。可以通过查看菜单转换为其他模式,这里转换为"科学"型计算器窗口,如图 2-41 所示。

(3) 度量单位换算计算器。启动计算器,单击 ≡ 按钮,选中"转换器"下要转换的单位类型,选中要转换的原始值单位以及要转换到的值的单位。输入要转换的数值即可获得结果。

(4) 使用计算器计算两个日期之差,或自某个特定日期开始增加或减少的天数。打开"计算器",单击 ≡ 按钮,选中"日期计算",选取日期数值,即可进行计算。计算从 2020 年 8 月 9 日到 2020 年 10 月 2 日相差的天数,如图 2-42 所示。

(5) 使用该功能进行单位转换,例如英寸和厘米之间的转换,磅和千克之间的转换,华氏度和摄氏度之间的转换等。打开"计算器",单击 ≡ 按钮,在转换器中选中要转换的单位,然后输入值,即可得到结果,如图 2-43 所示。

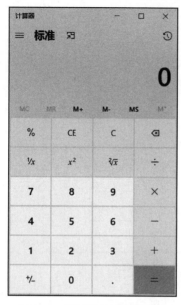
图 2-40 "标准"型计算器窗口

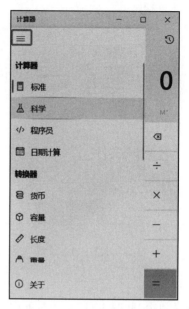
图 2-41 "科学"型计算器窗口

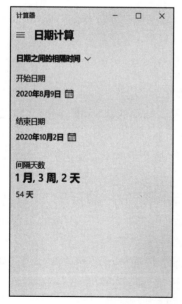
图 2-42 计算日期

图 2-43 温度转换

任务 5　使用放大镜工具

1) 任务描述

打开任意一篇文章,使用放大镜放大文章中的文字。

2) 任务实现

Windows 提供的放大镜工具,用于将计算机屏幕显示的内容放大若干倍,从而能让用户更清晰地查看。在"开始"菜单中选中"所有程序"|"Windows 轻松使用"|"放大镜"选项,打开"放大镜"窗口,如图 2-44 所示。当前屏幕内容会按放大镜的默认设置倍率(200%)显示。在"放大镜"窗口可以对放大镜的放大倍率和放大区域进行设置,如图 2-45 所示。

图 2-44　"放大镜"窗口

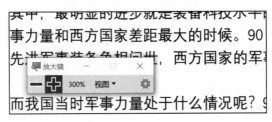

图 2-45　放大效果

2.4　整理个人文件夹

【实验目的】

(1) 了解文件的查看方式。

(2) 掌握文件和文件夹的整理方法。

(3) 学会删除文件和文件夹。

【知识储备】

通过文件管理工具,可以对文件或文件夹进行建立、查看、复制、移动、删除、压缩和解压缩等基本操作。

【实验任务】

(1) 在 F:盘上建立一个文件夹,文件夹的名字用自己的"学号+姓名+班级"命名,如 19111001 李小明,如图 2-46 所示。

(2) 打开 Word 文档,输入文字,存放在自己的文件夹(19111001 李小明)中。打开文本文档,输入文字,存放在自己的文件夹(19111001 李小明)中。文件名自己命名,如图 2-47 与图 2-48 所示。

(3) 将文件夹"19111001 李小明"复制到 C:盘,并改名为"李小明 19111001",将其中的 Word 文件删除,如图 2-49 和图 2-50 所示。

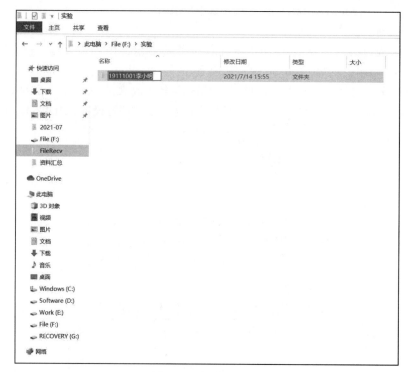

图 2-46 新建文件夹

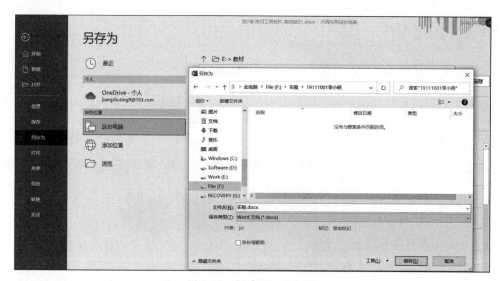

图 2-47 新建 Word 文档

· 38 ·

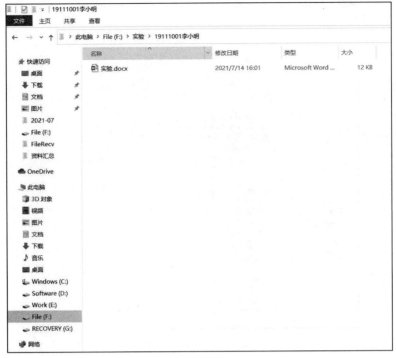

图 2-48　保存文档

图 2-49　文件夹重命名

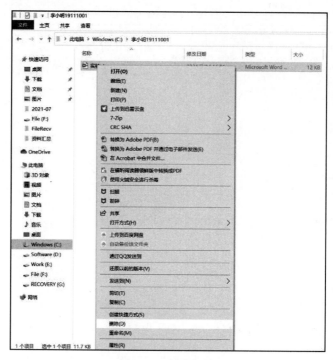

图 2-50　删除文件

第 3 章 用计算机进行文字处理

Word 是一款使用广泛的文字处理软件。作为 Microsoft Office 办公套件的核心程序，Word 提供了许多易于使用的工具，帮助节省时间，实现优雅美观的效果。Word 集成了文字编辑、表格制作、图文混排、高级排版等多种功能。通过本章的学习，可对 Word 基本操作、表格制作、图文混排、格式排版、文档打印等基本技术有更熟练的掌握。

3.1 制作"我和我的祖国"文档

【实验目的】

(1) 掌握文本的编辑与格式设置。
(2) 掌握项目符号和编号的使用。
(3) 掌握段落格式的设置。
(4) 掌握页面格式的设置。

【知识储备】

学会 Word 文档的新建、编辑、保存操作，以及段落行间距、首行缩进、项目符号、页面边距、分栏以及页面边框的设置。

【实验任务】

1) 任务描述

制作"我和我的祖国"文档，要求如下。

(1) 新建文档"我和我的祖国.docx"。标题文本为"我和我的祖国"，居中排列，字体为"隶书"，字号为"小初"，文本效果和版式为"填充：蓝色，主题色 1；阴影"，字符间距为加宽、3.6 磅。

(2) 首行文本为"我和我的祖国"，字体为"楷体"，字号为"四号"，字形为"加粗"，文本效果和版式为"紧密映像：接触"。

(3) 在文本"张藜""秦咏诚""李谷一"的下方添加红色的双下画线，将文本"词""曲""唱"设置为带圈字符，在文本"爱国主义歌曲"下方添加着重号，设置文本"1985 年"的字体为"斜体"，为第一段的最后一句话突出显示为黄色。

(4) 将所有正文设置首行缩进为"2 字符"，行距为"1.25"倍，正文第一段的段前为"0 行"，段后为"1 行"。

(5) 设置文本"歌词"和"拓展"的字体为"黑体"，字号为"小四"，添加项目符号 ▶ 。

(6) 为"歌词"下面的文本设置边框颜色为蓝色，宽度为"3.0 磅"，底纹的图案样式为"浅色上斜线"，图案颜色为浅蓝色。

(7) 为"拓展"下面的文本添加编号[1]、[2]、[3]……。

2)任务实现

(1)新建文档"我和我的祖国.docx",设置标题文本为居中排列,字体为"隶书",字号为"小初",文本效果和版式为"填充:蓝色,主题色1;阴影",字符间距为"加宽",磅值为"3.6磅",如图3-1和图3-2所示。

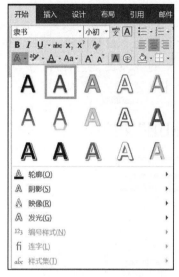

图3-1 "文本效果和版式"选项　　　　　　　图3-2 效果图(1)

(2)选择首行文本"我和我的祖国",在"开始"选项卡的"字体"组中设置字体为"楷体",字号为"四号",字形为"加粗",单击"文本效果和版式"按钮,在弹出的下拉菜单中选中"映像"为"紧密映像:接触",如图3-3和图3-4所示。

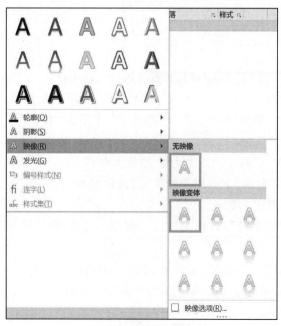

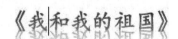

图3-3 "映像"选项　　　　　　　　　　　图3-4 效果图(2)

（3）选中文本"张藜""秦咏诚""李谷一"，在"开始"选项卡的"字体"组中单击"下画线"按钮，从弹出的快捷菜单中选中"双下画线"选项，并设置下画线颜色为红色。同时，选择文本"词""曲""唱"，在"字体"组中单击"带圈字符"按钮，在弹出的图3-5所示的对话框中选中"增大圈号"，并单击"确定"按钮，效果如图3-6所示。

图3-5 "带圈字符"对话框

图3-6 效果图(3)

（4）选中文本"爱国主义歌曲"，在"开始"选项卡中单击"字体"组中的对话框启动器按钮，弹出"字体"对话框，在其中选中"着重号"，如图3-7所示。选中文本"1985年"，在"字体"组中单击"倾斜"按钮。选中第一段最后一句话，在"字体"组中设置"文本突出显示颜色"为黄色，效果如图3-8所示。

图3-7 "字体"对话框

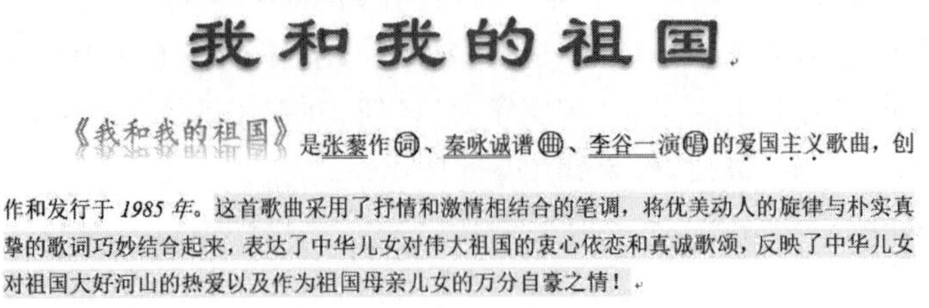

我和我的祖国

《我和我的祖国》是张藜作词、秦咏诚谱曲、李谷一演唱的爱国主义歌曲，创作和发行于 1985 年。这首歌曲采用了抒情和激情相结合的笔调，将优美动人的旋律与朴实真挚的歌词巧妙结合起来，表达了中华儿女对伟大祖国的衷心依恋和真诚歌颂，反映了中华儿女对祖国大好河山的热爱以及作为祖国母亲儿女的万分自豪之情！

图 3-8　效果图（4）

（5）选中所有正文，在"开始"选项卡中单击"段落"组的对话框启动器按钮，启动"段落"对话框，如图 3-9 所示。设置首行缩进为"2 字符"，行距为"1.25"倍，正文第一段的段前为"0 行"，段后为"1 行"。

（6）选中文本"歌词"和"拓展"，在"字体"组中设置字体为"黑体"，字号为"小四"，在"段落"组中单击"项目符号"按钮，在弹出的下拉菜单的"项目符号库"中选中项目符号，如图 3-10 所示。

图 3-9　"段落"对话框

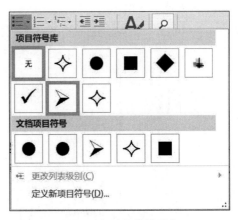

图 3-10　项目符号列表

（7）选中"歌词"下面的文本，在"段落"组中单击"边框"按钮，在弹出的下拉菜单中选中"边框和底纹"选项，弹出"边框和底纹"对话框。在"边框"选项卡的"应用于"下拉列表中选中"段落"选项，在"样式"列表中选中图 3-11 所示的边框样式，将颜色选为蓝色，宽度设为"3.0 磅"，在"预览"栏中能够看到边框效果。在"底纹"选项卡的"图案"栏中将样式选为"浅色上斜线"，颜色为浅蓝色，如图 3-12 所示。

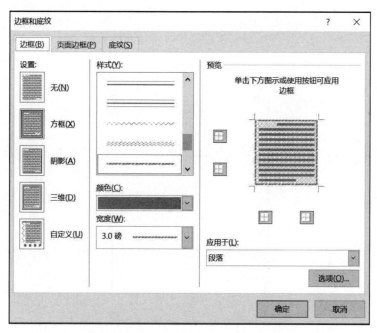

图 3-11 "边框"选项卡

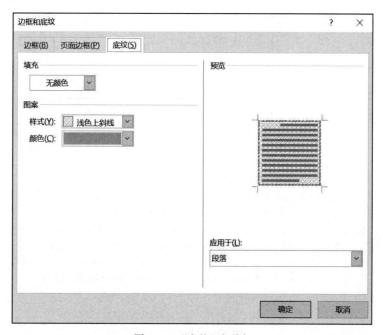

图 3-12 "底纹"选项卡

(8) 选中"拓展"下面的文本,在"段落"组中单击"编号"按钮,在如图 3-13 所示的"编号库"中选中编号样式[1]、[2]、[3]……。若默认的编号库中没有所需的编号样式,可以选中"定义新编号格式",自定义新编号,效果如图 3-14 所示。

(9) 当文档所有文本与段落的格式设置完成后,整体效果如图 3-15 所示。

图 3-13 "编号"命令

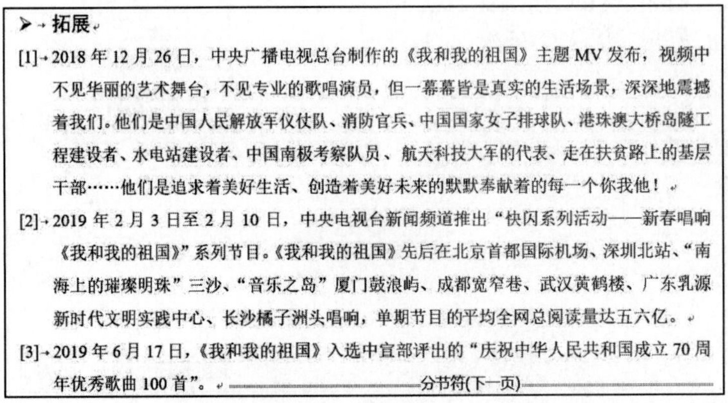

> ➤ 拓展
[1] 2018年12月26日,中央广播电视总台制作的《我和我的祖国》主题MV发布,视频中不见华丽的艺术舞台,不见专业的歌唱演员,但一幕幕皆是真实的生活场景,深深地震撼着我们。他们是中国人民解放军仪仗队、消防官兵、中国国家女子排球队、港珠澳大桥岛隧工程建设者、水电站建设者、中国南极考察队员、航天科技大军的代表、走在扶贫路上的基层干部……他们是追求着美好生活、创造着美好未来的默默奉献着的每一个你我他!
[2] 2019年2月3日至2月10日,中央电视台新闻频道推出"快闪系列活动——新春唱响《我和我的祖国》"系列节目。《我和我的祖国》先后在北京首都国际机场、深圳北站、"南海上的璀璨明珠"三沙、"音乐之岛"厦门鼓浪屿、成都宽窄巷、武汉黄鹤楼、广东乳源新时代文明实践中心、长沙橘子洲头唱响,单期节目的平均全网总阅读量达五六亿。
[3] 2019年6月17日,《我和我的祖国》入选中宣部评出的"庆祝中华人民共和国成立70周年优秀歌曲100首"。———分节符(下一页)———

图 3-14 效果图(5)

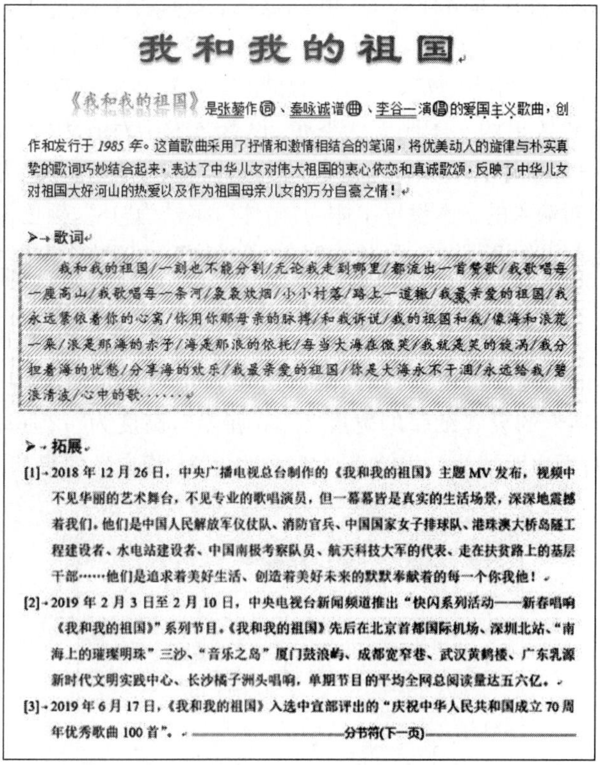

图 3-15　整体效果图

3.2　制作"厉行节约，反对浪费"宣传页

【实验目的】

（1）掌握文本框和艺术字的应用。

（2）掌握图文混排的应用。

（3）掌握页面格式设置。

【知识储备】

掌握 Word 2019 文档中文本框和艺术字应用的基础理论，学会页面边框、背景、纸张大小的设置以及图片的格式设置等。

【实验任务】

1）任务描述

制作"厉行节约，反对浪费"宣传文档，要求如下。

（1）新建文档"厉行节约，反对浪费.docx"，设置页面宽度为"20 厘米"、高为"12 厘米"，上、下、左、右的页边距均为"2 厘米"，纸张方向为"横向"，页面背景颜色为深红，页面边框颜色为红色、宽度为"25 磅"，边框和底纹上、下、左、右的边距均为"0 磅"。

（2）插入艺术字，设置艺术字样式为"填充黑色，文本色1框白色，背景色1；清晰阴影白色，背景色1"并输入文本"厉行节约，反对浪费"；设置文字环绕方式为"浮于文字上方"；设置文本字体为"楷体"，字号为"32"，字形为"加粗"，文本填充为黄色，文本轮廓为红色、粗细为"1.5磅"；设置形状效果的文本阴影为黄色；设置艺术字对齐为"水平居中"。

（3）插入图片，调整图片大小比例合适，设置图片的文字环绕方式为"四周型"。

（4）插入文本框，对输入的文本设置字体为"楷体"，字号为"18"，颜色为黄色，段落首行缩进"2字符"，文本框形状填充为"无填充"，形状轮廓为"无轮廓"，并调整文本框大小和位置合适。

2）任务实现

（1）新建文档"厉行节约，反对浪费.docx"。在"布局"选项卡的"页面设置"组中单击"纸张大小"按钮，在弹出的快捷菜单中选中"其他纸张大小"选项，弹出图3-16所示的"页面设置"对话框。在"纸张"选项卡的设置纸张的宽度为"20厘米"，高度为"12厘米"，在"页边距"选项卡的设置上、下、左、右页边距均为"2厘米"，"纸张方向"为"横向"，效果如图3-17所示。

图3-16 "页面设置"对话框

（2）设置页面背景颜色。如图3-18所示，在"设计"选项卡的"页面背景"组中单击"页面颜色"按钮，在弹出的下拉菜单中选中"其他颜色"选项，在弹出的"颜色"对话框中选中"自定义"选项卡，在红绿蓝三原色部分输入RGB值，如图3-19所示。

（3）设置页面边框和底纹。在"设计"选项卡的"页面背景"组中单击"页面边框"按钮，将弹出"边框和底纹"对话框，在"页面边框"选项卡中按照图3-20所示设置颜色、宽度、艺术型，完成设置后，单击"选项"按钮，出现"边框和底纹选项"对话框，设置上、下、左、右边距各为"0磅"，如图3-21所示。

图 3-17 效果图(1)

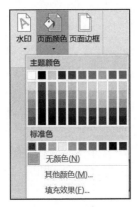

图 3-18 "页面颜色"选项

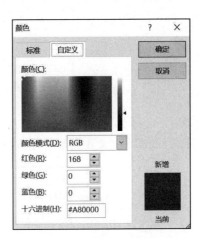

图 3-19 "颜色"对话框

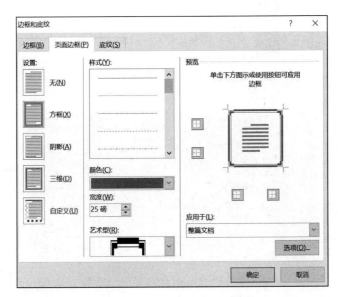

图 3-20 "边框和底纹"对话框

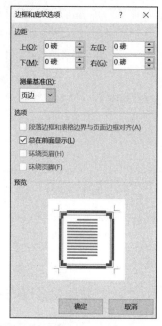

图 3-21 "边框和底纹选项"对话框

(4) 在"插入"选项卡的"文本"组中单击"艺术字"按钮,在弹出的选项中选中图 3-22 所示的艺术字样式,在艺术字文本框框中输入"厉行节约,反对浪费",效果如图 3-23 所示。

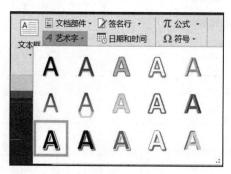

图 3-22 "艺术字"命令

图 3-23 效果图(2)

(5)选中文本"厉行节约,反对浪费",在"开始"选项卡的"字体"组中设置字体为"楷体",字号为"32",字形为"加粗"。在"绘图工具｜格式"选项卡的"艺术字样式"组中单击"主题颜色"按钮,在弹出的选项中选中文本填充颜色为黄色,文本轮廓为红色,粗细为"1.5磅",如图3-24和图3-25所示。

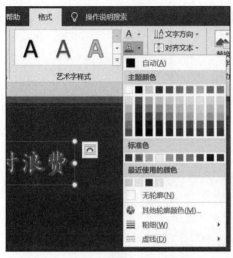

图3-24 "艺术字样式"组　　　　　　　　图3-25 效果图(3)

(6)在"绘图工具｜格式"选项卡的"艺术字样式"组中单击"文本效果"按钮,从弹出的下拉菜单中选中"阴影选项"选项,弹出图3-26所示的"设置形状格式"对话框,选择阴影的颜色为黄色,效果如图3-27所示。

图3-26 "设置形状格式"对话框　　　　　图3-27 效果图(4)

(7)选定艺术字,如图3-28所示,在"绘图工具｜格式"选项卡的"排列"组中单击"对齐"按钮,在弹出的下拉菜单中选中"水平居中"选项,效果如图 3-29 所示。

图 3-28 "对齐"选项

图 3-29 效果图(5)

(8) 插入图片。在"插入"选项卡的"插图"组中单击"图片"按钮,如图 3-30 所示。在弹出的对话框中选中插入的图片,插入后调整图片的大小,并将图片的文字环绕方式设为"四周型",如图 3-31 所示。

图 3-30 "图片"选项

图 3-31 "布局选项"对话框

(9) 插入文本框。在"插入"选项卡的"文本"组中单击"文本框"按钮,如图 3-32 所示,在弹出的下拉菜单中选中"绘制横排文本框"选项,在图片右侧绘制文本框,并输入文字,如图 3-33 所示。

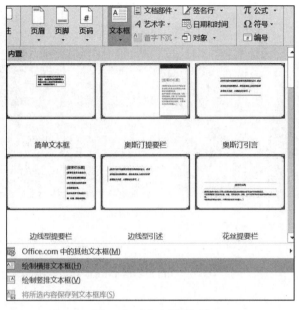

图 3-32 "文本框"选项

图 3-33 效果图(6)

(10) 选中文本框中的文字,在"开始"选项卡的"字体"组中设置字体为"楷体",字号为"18",颜色为黄色。如图 3-34 所示,单击"段落"组的对话框启动器按钮,弹出"段落"对话

图 3-34 "形状样式"组

框,在其中设置首行缩进"2字符"。在"绘图工具|格式"选项卡的"形状样式"组中选中形状填充为"无填充",形状轮廓为无轮廓,整体效果如图3-35所示。

图 3-35　效果图(7)

3.3　制作课程表

【实验目的】

(1) 了解字体的高级设置。
(2) 掌握表格的插入与编辑方法。
(3) 掌握表格和单元格格式的设置。
(4) 掌握文本框的设置。

【知识储备】

学会表格的创建和编辑,表格工具的使用(包括表格属性、单元格属性的设置和对表格内对象的操作等),表格格式化的应用。

【实验任务】

1) 任务描述

制作学生课程表,要求如下。

(1) 新建文档"课程表.docx",设置标题文本"课程表"居中,字体为"宋体",字号为"二号",字形为"加粗",并在标题下方插入一个9行6列的表格。

(2) 在表格第1行的第2~6个单元格内分别输入文本"星期一""星期二"……"星期五",第1列的第2~9个单元格内分别输入文本"第一节""第二节"……"第八节",设置文本的字体为"仿宋",字号为"五号",字形为"加粗",对齐方式为"居中"显示,并设置表格对齐方式为"居中",单元格对齐方式为"垂直居中",行高为"1厘米",列宽为"2.3厘米"。

(3) 为第1行的第1个单元格添加斜下框线,宽度为"0.5磅",颜色为黑色,在该单元格中输入文本"星期"和"节次",设置字体为"仿宋",字号为"五号",字形为"加粗",并调整文本的字符间距为"紧缩",磅值为"3磅"。设置文本框的布局方式为"浮于文字上方",形状填充为“无填充”，形状轮廓为“无轮廓”。

(4) 将文本为星期一到星期五的单元格底纹设置为橙色，文本为“第一节”“第二节”……“第八节”的单元格底色设置为绿色。

2) 任务实现

(1) 新建文档“课程表.docx”。在打开的空白文档中输入标题“课程表”，选中标题，在“开始”选项卡的“字体”选项组中设置标题字体为“宋体”，字号为“二号”，字形为“加粗”，在“段落”选项组中设置标题为“居中”显示。如图 3-36 所示，将光标定位在标题下方，在“插入”选项卡的“表格”选项组中单击“表格”按钮，插入一个 9 行 6 列的表格，效果如图 3-37 所示。

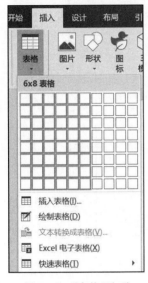

图 3-36 “表格”选项

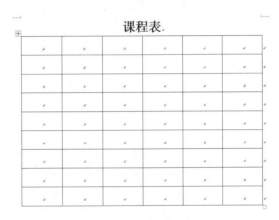

图 3-37 效果图(1)

(2) 在表格第 1 行的第 2～6 个单元格内分别输入文本“星期一”“星期二”…… “星期五”，在第 1 列的第 2～9 个单元格内分别输入文本“第一节”“第二节”……“第八节”，选中表格，在“开始”选项卡的“字体”选项组中设置文本字体为“仿宋”，字号为“五号”，字形为“加粗”，在“段落”选项组中设置文本“居中”显示，效果如图 3-38 所示。

课程表

	星期一	星期二	星期三	星期四	星期五
第一节					
第二节					
第三节					
第四节					
第五节					
第六节					
第七节					
第八节					

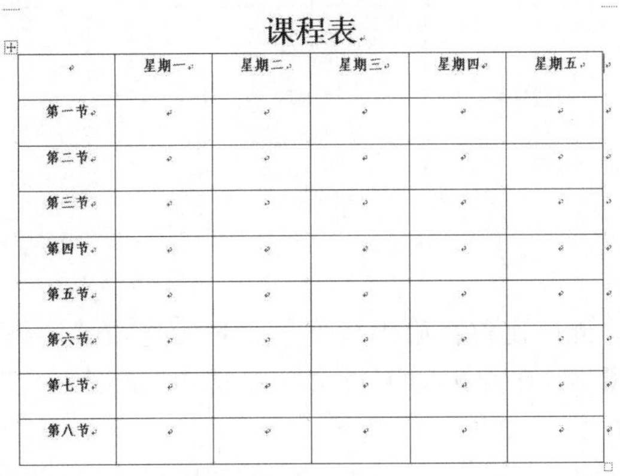

图 3-38 效果图(2)

(3) 设置表格属性。右击选中的表格,在弹出的快捷菜单中选中“表格属性”选项,弹出如图 3-39 所示的“表格属性”对话框。在“表格”选项卡中设置表格的对齐方式为“居中”,在“行”选项卡中设置行高为“1 厘米”,在“列”选项卡中设置列宽为“2.3 厘米”,在“单元格”选项卡中设置单元格的垂直对齐方式为“居中”,效果如图 3-40 所示。

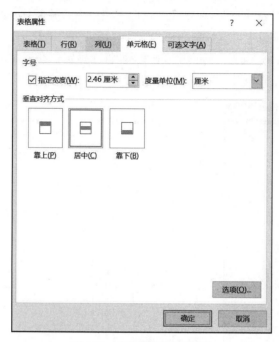

图 3-39 “表格属性”对话框

课程表

	星期一	星期二	星期三	星期四	星期五
第一节					
第二节					
第三节					
第四节					
第五节					
第六节					
第七节					
第八节					

图 3-40 效果图(3)

(4) 添加斜下框线。光标定位在第 1 行第 1 个单元格,在“表格工具 | 设计”选项卡的“边框”组中单击“边框”按钮,在弹出的下拉菜单中选中“斜下框线”选项,设置笔颜色为黑色,宽度为“0.5 磅”,如图 3-41 和图 3-42 所示。

(5) 在“插入”选项卡的“文本”组中单击“文本框”按钮,在弹出的下拉菜单中选中“绘制横排文本框”选项,在文本框中输入文字“节次”。在“开始”选项卡的“剪贴板”组中单击“格

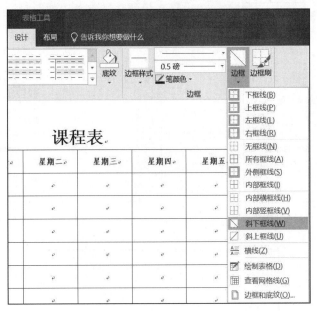

图 3-41 "边框"组

图 3-42 效果图(4)

式刷"按钮,利用格式刷工具设置字体为"仿宋",字号为"五号",字形为"加粗"。选中文本框,单击边上的"布局选项"按钮,在弹出的下拉菜单中选中"浮于文字上方"选项,如图 3-43 所示。同时,在"绘图工具丨格式"选项卡的"形状样式"组中,设置形状填充为"无填充",形状轮廓为"无轮廓",如图 3-44 所示。

(6)选中文本框,将其移动到第 1 行第 1 个单元格的位置,通过文本换行,调整文本框大小,在如图 3-45 所示的"字体"对话框的"高级"选项卡中设置字符间距为"紧缩",磅值为"3 磅",将文本调整到适应单元格的状态。用同样方法,将文本"星期"也移动到第 1 行第 1 个单元格的位置,效果如图 3-46 所示。

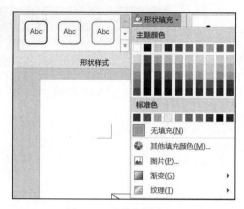

图 3-43 "布局选项"对话框　　　　图 3-44 "形状样式"组

图 3-45 "字体"对话框

课程表

节次\星期	星期一	星期二	星期三	星期四	星期五
第一节					
第二节					
第三节					
第四节					
第五节					
第六节					
第七节					
第八节					

图 3-46 效果图(5)

(7) 选中文本为“星期一”“星期二”……“星期五”的单元格，在“表格工具 |设计”选项卡的“表格样式”组中，将“底纹”设置为橙色，用同样方法，设置文本为“第一节”“第二节”……“第八节”的单元格底色为绿色，效果如图 3-47 所示。

课程表

星期 节次	星期一	星期二	星期三	星期四	星期五
第一节					
第二节					
第三节					
第四节					
第五节					
第六节					
第七节					
第八节					

图 3-47 效果图(6)

3.4 绘制“福”字

【实验目的】

(1) 掌握“插入”选项卡“插图”组中工具的使用。

(2) 掌握绘图工具的使用。

(3) 掌握对象的排列方法。

【知识储备】

学会图片、形状和艺术字的插入、编辑，以及“绘图工具 | 格式”选项卡“排列”组中工具的应用等。

【实验任务】

1) 任务描述

绘制“福”字，要求如下。

(1) 新建文档“绘制福字.docx”。在打开的空白文档中插入菱形，调整形状大小，形状填充为红色。

(2) 插入艺术字“填充：黑色，文本色 1；边框：白色，背景色 1；清晰阴影：蓝色，主题色 5”，输入文本“福”，设置字体为“华为行楷”，字号为“100”。

(3) 垂直翻转“福”字并移动到菱形内，设置对齐方式为“垂直居中”“水平居中”，并将两个对象组合在一起。

2)任务实现

(1)新建文档"绘制福字.docx"。在"插入"选项卡的"插图"组中单击"形状"按钮,在弹出的下拉菜单中选中"菱形"选项,如图3-48所示。

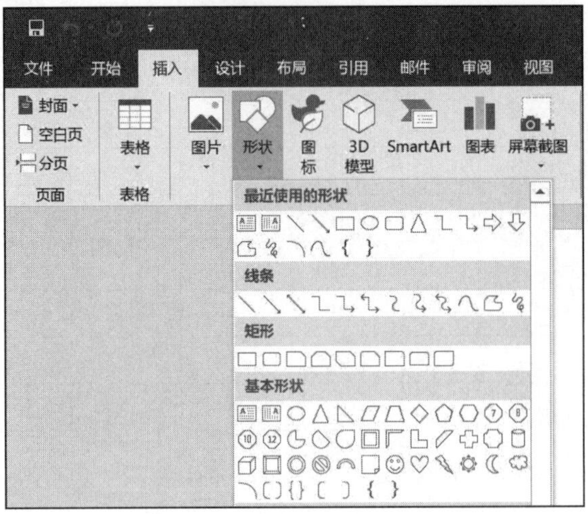

图3-48 "形状"命令

(2)绘制菱形。在文档编辑区绘制菱形时,按住Shift键,绘制菱形的形状就是正方形。调整形状大小,效果如图3-49所示。

(3)选中菱形,此时菱形周围出现8个原点,在"绘图工具|格式"选项卡的"形状样式"组中单击"形状填充"按钮,在弹出的下拉菜单中将填充颜色选为红色,如图3-50所示。

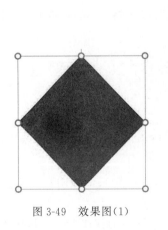

图3-49 效果图(1) 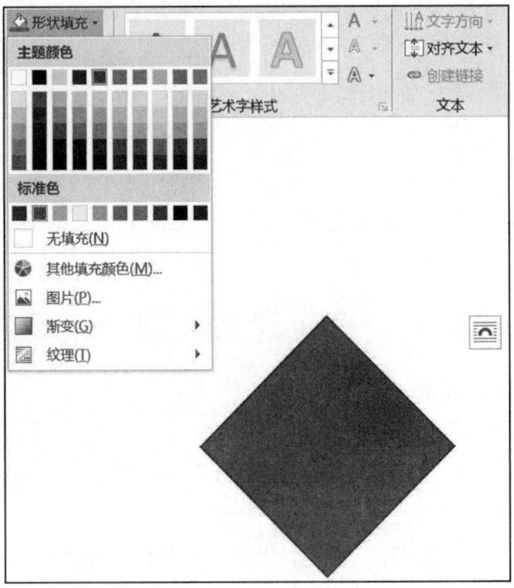　　　　图3-50 "形状填充"效果

(4)如图3-51所示,在"插入"选项卡的"文本"组中单击"艺术字"按钮,在弹出的下拉菜单中选中"填充:黑色,文本色1;边框:白色,背景色1;清晰阴影:蓝色,主题色5"效果,

如图 3-52 所示。

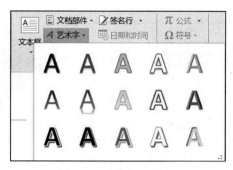

图 3-51 "艺术字"效果

图 3-52 效果图(2)

（5）在艺术字框内输入"福"字,选中福字,在"开始"选项卡的"字体"组中设置字体为"华为行楷",字号为"100",效果如图 3-53 所示。

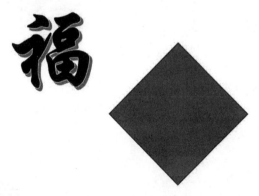

图 3-53 效果图(3)

（6）选中"福"字,在"绘图工具｜格式"选项卡的"排列"组中单击"旋转"按钮,在弹出的下拉菜单中选中"垂直翻转"选项,如图 3-54 所示。将翻转后的"福"字移动到绘制的正方形内,效果如图 3-55 所示。

（7）按住 Shift 键,同时选中"福"字和正方形,两个对象都出现 8 个控制点,在"绘图工具｜格式"选项卡的"排列"组中单击"对齐"按钮,如图 3-56 所示。在弹出的下拉菜单中选中"对齐所选对象""垂直居中""水平居中"选项,效果如图 3-57 所示。

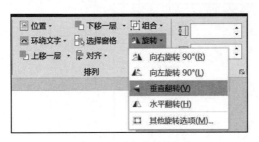
图 3-54 "垂直翻转"命令

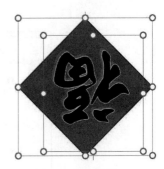
图 3-55 效果图(4)

图 3-56 "对齐"选项

图 3-57 效果图(5)

(8)选中"福"字和正方形,在"绘图工具│格式"选项卡的"排列"组中单击"组合"按钮,在弹出的下拉菜单中选中"组合"选项,如图 3-58 所示。此时,这两个对象被组合为一个整体,可以一起移动,效果如图 3-59 所示。

图 3-58 "组合"选项

图 3-59 效果图(6)

3.5 制作"抗疫英雄事迹"宣传文档

【实验目的】

(1) 掌握文本框的应用和格式的设置。
(2) 掌握页面分栏的应用。
(3) 掌握图文混排的基本操作。
(4) 掌握 SmartArt 图形的应用。

【知识储备】

学会文字的排版、标题的设置、SmartArt 图形的插入、文本框属性的设置,以及图片、文本框、SmartArt 图形的整体排版和布局。

【实验任务】

1) 任务描述

制作"抗疫英雄事迹"宣传文档,要求如下。

(1) 新建文档"抗疫英雄事迹.docx",输入标题"抗疫英雄事迹",设置字体为"楷体",字号为"一号",颜色为蓝色,对齐方式为"居中"显示。

(2) 在标题下方插入图片,设置图片样式为"柔化边缘椭圆",图片高度为"5 厘米",宽度为"8.9 厘米",对齐方式为"居中"显示。

(3) 在图片下方插入文本框,输入文本"抗疫英雄:张定宇""抗疫英雄:张文宏",文本字体为"楷体",字号为"四号",颜色为蓝色,对齐方式为"居中"显示,设置文本框形状填充为"无填充"、形状轮廓为"无轮廓",调整文本框的大小和位置。

(4) 输入"抗疫英雄事迹"文本,字体为"楷体",字号为"小四",颜色为黑色,段落为"两端对齐",首行缩进为"2 字符",文本分为"2 栏"。

(5) 在第二栏上面插入 SmartArt 图形,版式为"不定向循环",样式为"细微效果",调整 SmartArt 图形的大小比例和位置。

2) 任务实现

(1) 新建文档"抗疫英雄事迹.docx"。在打开的空白文档中输入文本"抗疫英雄事迹",选中标题,在"开始"选项卡中单击"字体"组的对话框启动器按钮,弹出"字体"对话框,设置字体为"楷体",字号为"一号",颜色为蓝色,在"段落"组中设置对齐方式为"居中",效果如图 3-60 所示。

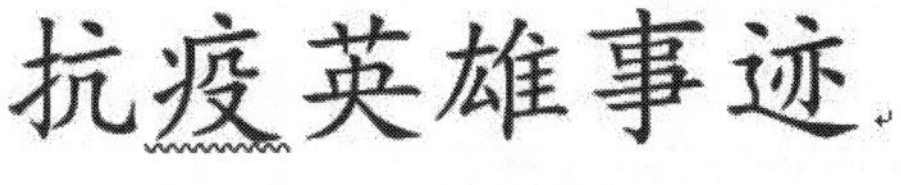

图 3-60 效果图(1)

(2) 在标题下换行。在"插入"选项卡的"插图"组中单击"图片"按钮,如图 3-61 所示。

(3) 选中图片,在"图片工具 | 格式"选项卡的"图片样式"组中设置图片样式为"柔化边

图 3-61 "图片"按钮

缘椭圆",在"图片工具丨格式"选项卡的"大小"组中设置图片高度为"5厘米",宽度为"8.9厘米",在"段落"组中设置对齐方式为"居中",效果如图 3-62 所示。

图 3-62 效果图(2)

(4) 在图片下换行。在"插入"选项卡的"文本"组中单击"文本框"按钮,在弹出的下拉菜单中选中"绘制横排文本框"选项,插入文本框,如图 3-63 所示。

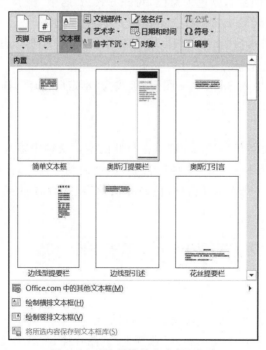

图 3-63 "绘制横排文本框"选项

(5) 在文本框内输入文本"抗疫英雄：张定宇""抗疫英雄：张文宏"，在"开始"选项卡中单击"字体"组的对话框启动器按钮，弹出"字体"对话框，设置字体为"楷体"，字号为"四号"，颜色为蓝色，对齐方式为"居中"显示，在"段落"组中设置对齐方式为"居中"。在"绘图工具｜格式"选项卡的"形状样式"组中单击"形状填充"按钮，在弹出的下拉菜单中选中"无填充"选项；单击"形状轮廓"按钮，在弹出的下拉菜单中选中"无轮廓"选项，调整文本框的大小和位置，效果如图3-64所示。

图3-64　效果图(3)

(6) 输入"抗疫英雄事迹"文本。选中文本，在"开始"选项卡中单击"字体"组的对话框启动器按钮，弹出"字体"对话框。设置字体为"楷体"，字号为"小四"，颜色为黑色。单击"段落"组的对话框启动器按钮，弹出"段落"对话框。设置对齐方式为"两端对齐"，首行缩进为"2字符"。在"布局"选项卡的"页面设置"组中单击"栏"按钮，在弹出的下拉菜单中选中"两栏"选项，如图3-65所示。

图3-65　"栏"选项

(7) 将光标移动到第二栏上面，在"插入"选项卡的"插图"组中单击"SmartArt"按钮，弹出如图3-66所示的"选择SmartArt图形"对话框，在其中设置SmartArt图形为"不定向循环"。

(8) 选中SmartArt图形，在"SmartArt工具｜格式"选项卡的"SmartArt样式"组中设置SmartArt图形样式为"细微效果"，如图3-67所示。

(9) 调整SmartArt图形的大小比例和位置，整体效果如图3-68所示。

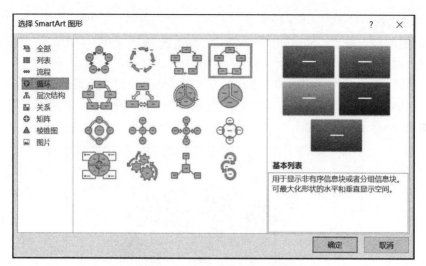

图 3-66 "选择 SmartArt 图形"对话框

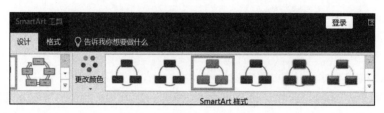

图 3-67 "SmartArt 样式"组

图 3-68 效果图(4)

3.6 制作"中国剪纸艺术"文档

【实验目的】

(1) 掌握表格创建和编辑。
(2) 掌握表格边框和底纹的设置。
(3) 掌握表格中图片的编辑。

【知识储备】

学会文字的设置与排版、项目符号的使用、表格格式的设置(包括单元格格式的设置、行高、列宽的设置等)、图片的插入与属性设置。

【实验任务】

1) 任务描述

制作"中国剪纸艺术"文档,要求如下。

(1) 新建文档"中国剪纸艺术.docx"。插入一个 17 行 3 列的表格,将第 1 行 3 个单元格合并为一个单元格,第 2~8 行的第 3 列单元格合并为一个单元格,第 9~17 行的第 1 列单元格合并为一个单元格,第 9~10 行的第 2、3 列单元格合并为一个单元格,第 11 行的第 2、3 列单元格合并为一个单元格,第 12~17 行的第 2、3 列单元格合并为一个单元格。

(2) 在表格的第 1 行输入文本"中国剪纸艺术",字体为"微软雅黑",字号为"一号",字符间距为"加宽",磅值为"5 磅",对齐方式为"居中"显示。输入剩余行的文本,字体为"微软雅黑",字号为"五号",对齐方式为"居中"显示,其中,文本"作品分类""用途形式""内容意义"的字形为"加粗"显示。

(3) 在合并后的第 2~8 行的第 3 列单元格内插入图片并"居中"显示。调整列宽,使图片宽度为"5.74 厘米"、高度为"5.74 厘米"。

(4) 将文本"简介"的文字方向设为"竖排"显示、"中部居中",字符间距为"加宽",磅值为"30 磅",并调整该单元格的列宽。

(5) 在文本"作品分类""用途形式""内容意义"前添加项目符号"◇"。

(6) 设置表格边框样式为双实线、颜色为暗红色、宽度为"0.75 磅",底纹样式为"5%",颜色为红色。

2) 任务实现

(1) 新建文档"中国剪纸艺术.docx"。在"插入"选项卡的"表格"组中单击"表格"按钮,在弹出的下拉菜单中选中"插入表格"选项,在弹出的"插入表格"对话框中输入列数"17",输入行数"3",如图 3-69 所示。

(2) 合并单元格。选中要合并的单元格,在"表格工具|布局"选项卡的"合并"组中单击"合并单元格"按钮,将第

图 3-69 "插入表格"对话框

1行的3个单元格合并为一个单元格,第2～8行的第3列单元格合并为一个单元格,第9～17行的第1列单元格合并为一个单元格,第9～10行的第2、3列单元格合并为一个单元格,第11行的第2、3列单元格合并为一个单元格,第12～17行的第2、3列单元格合并为一个单元格,效果如图3-70所示。

图3-70　效果图(1)

(3) 在表格第1行输入文本"中国剪纸艺术",在"开始"选项卡中单击"字体"组的对话框启动器按钮,弹出"字体"对话框。设置字体为"微软雅黑",字号为"一号",字符间距为"加宽",磅值为"5磅",如图3-71所示。在"段落"组中设置文本为"居中"对齐。

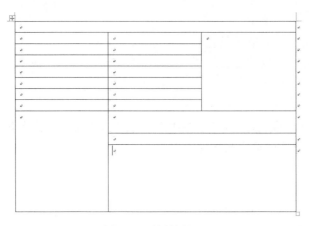

图3-71　"字体"对话框

(4) 在表格剩余行输入文本,在"开始"选项卡中单击"字体"组的对话框启动器按钮,弹出"字体"对话框,设置字体为"微软雅黑",字号为"五号",其中文本"作品分类""用途形式"

"内容意义"的字形为"加粗"。在"段落"组中设置文本为"居中"对齐,效果如图 3-72 所示。

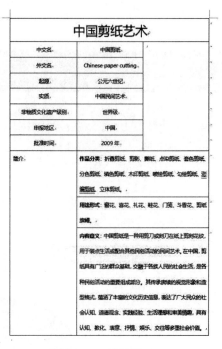

图 3-72　效果图(2)

（5）将光标定位在合并后的第 2～8 行的第 3 列单元格内,在"表格工具｜布局"选项卡的"表"组中单击"属性"按钮,弹出"表格属性"对话框。在其"单元格"选项卡中设置垂直对齐方式为"居中",如图 3-73 所示。

图 3-73　"表格属性"对话框

(6) 将光标定位在第 2～8 行的第 3 列单元格内，在“插入”选项卡的“插图”组中单击“图片”按钮，插入所选图片。在“图片工具 | 格式”选项卡的“大小”组中，设置图片宽度为“5.74 厘米”、高度为“5.74 厘米”，如图 3-74 所示。

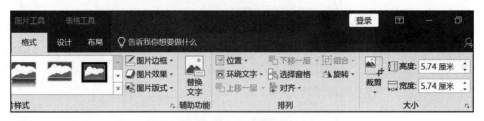

图 3-74 “大小”组

(7) 调整第 2～8 行的第 1、2 列单元格列宽，效果如图 3-75 所示。

中国剪纸艺术		
中文名	中国剪纸	
英文名	Chinese paper cutting	
起源	公元六世纪	
实质	中国民间艺术	
非物质文化遗产级别	世界级	
申报地区	中国	
批准时间	2009 年	

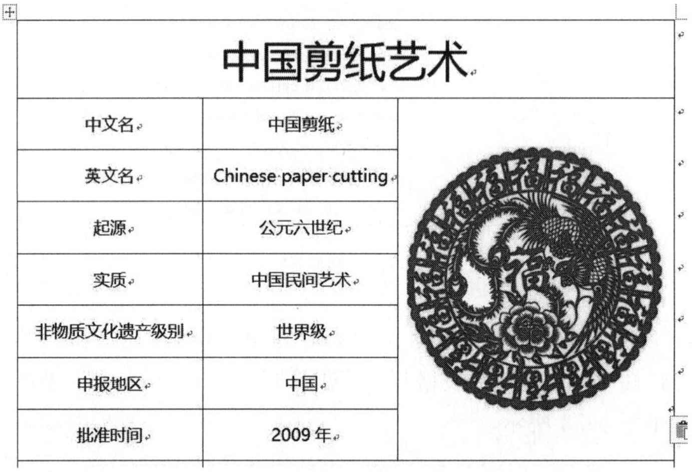

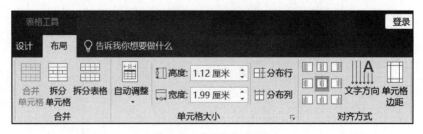

图 3-75 效果图(3)

(8) 选中文本“简介”。在“表格工具 | 布局”选项卡的“对齐方式”组中，设置文字方向为竖排显示，对齐方式为“中部居中”，如图 3-76 所示。

图 3-76 “对齐方式”组

(9) 选中文本“简介”。在“开始”选项卡中单击“字体”组的对话框启动器按钮，弹出“字体”对话框，如图 3-77 所示。在“高级”选项卡中设置字符间距为“加宽”，磅值为“30 磅”。

(10) 在“开始”选项卡的“段落”组中单击“项目符号”按钮，所列选项如图 3-78 所示。在文本“作品分类”“用途形式”“内容意义”前添加项目符号“✧”。

图 3-77 "字体"对话框

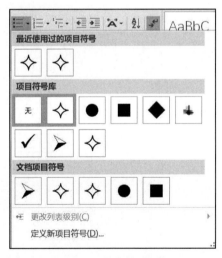

图 3-78 "项目符号"选项

(11) 选中表格。在"表格工具｜设计"选项卡中单击"边框"组的对话框启动器按钮,弹出"边框和底纹"对话框,如图 3-79 所示。在"边框"选项卡中设置表格边框样式为双实线,颜色为暗红色,宽度为"0.75 磅";在"底纹"选项卡中,设置底纹样式为"5％",颜色为红色,如图 3-80 所示。

(12) 调整含有文本"简介"单元格的列宽,整体效果如图 3-81 所示。

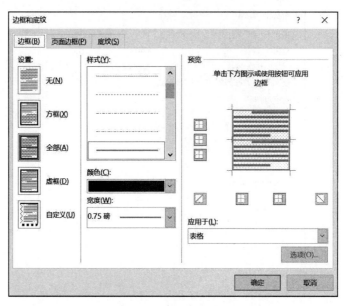

图 3-79 "边框"选项卡

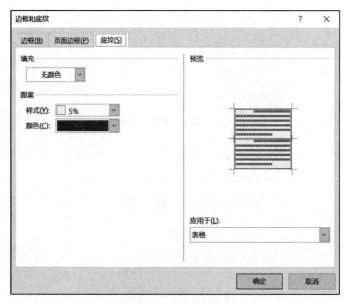

图 3-80 "底纹"选项卡

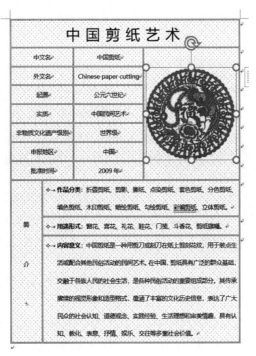

图 3-81　效果图(4)

3.7　毕业论文的排版

【实验目的】

(1) 掌握文本字体格式的设置。
(2) 掌握段落行距、对齐方式等格式设置。
(3) 掌握多级列表和样式的应用。
(4) 掌握图片和表格的插入与格式设置。
(5) 掌握图片和文字的混合排版。
(6) 掌握图注的插入与设置。
(7) 掌握参考文献的引用。
(8) 掌握页眉、页脚、页码的插入与设置。
(9) 掌握页面设置的使用。
(10) 掌握目录的自动生成。
(11) 掌握视图工具下导航窗格的使用。

【知识储备】

学会文本字体的设置与段落排版,表格的插入和格式化设置,图片、图形和文本框的应用,文档页面的设置、样式和多级列表的应用、目录的生成、分隔符的使用、题注和交叉引用的应用、视图导航窗格的使用等。

【实验任务】

1) 任务描述

制作学生毕业论文，要求如下。

（1）论文正文中的各级标题。一级标题：字体为"黑体"，字号为"三号"，字形为"加粗"，对齐方式为"居中"，段前和段后均为"0 行"，行距为"1.5 倍"。二级标题：字体为"楷体"，字号为"四号"，字形为"加粗"，对齐方式为"左对齐"，段前和段后均为"0 行"，行距为"1.25 倍"。三级标题：字体为"楷体"，字号为"小四"，字形为"加粗"，对齐方式为"左对齐"，段前和段后均为"0 行"，行距为"1.25 倍"。

（2）论文各组成部分的正文。中文字体为"宋体"，西文字体为 Times New Roman，字号均为"小四"，首行缩进"2 字符"，除已说明的行距外，其他正文的行距为"1.25 倍"。其中如有公式，行间距会不一致，在设置段落格式时，取消选中"如果定义了文档网格，则对齐到网格"复选框。

（3）封面。学院名称使用艺术字"填充：黑色，文本色 1；阴影"。设置文本"2021 届毕业论文"的字体为"黑体"，字号为"一号"。论文题目的字体为"黑体"，字号为"二号"。插入 6 行 2 列的表格，在第一列分别输入"院（系）名称""专业名称""学生姓名""学号""指导教师""完成时间"，设置"学号"的字体为 Times New Roman，字号为"小三"，设置剩余文本的字体为"黑体"，字号为"小三"。

（4）摘要。设置文本"摘要：""关键词："的字体为"宋体"，字号为"小四"，字形为"加粗"，首行缩进"2 字符"，行距为"1.25 倍"，其后的文本格式同正文。

（5）目录。目录要自动生成，设置文本"目录"的字体为"宋体"，字号为"小四"，对齐方式为"左对齐"。

（6）图片。论文中的图片需插入在 1 行 1 列的表格中，对齐方式为居中。每张图片有图序和图题，并在图片正下方居中书写。图序采用"图 1-1"的格式，并在其后空两格书写图名；图题的中文字体为"宋体"，西文字体为 Times New Roman，字号均为"五号"。

（7）参考文献。参考文献的字体为"宋体"，字号为"五号"，行距为"1.5 倍"，并在正文中标出。

（8）页面。采用 A4 大小的纸张打印，上、下页边距均为"2.54 厘米"，左、右页边距均为"3.17 厘米"，装订线为靠左"0.5 厘米"，页眉、页脚距边界"1 厘米"。

（9）页眉。输入论文题目，中文字体为"宋体"，西文字体为 Times New Roman，字号为"五号"；采用"单倍"行距，"居中"对齐。

（10）页脚。插入页码，中文字体为"宋体"，西文字体为 Times New Roman，字号为"小五"；采用"单倍"行距，"居中"对齐。

（11）利用导航窗格查看具体内容。

2) 任务实现

（1）新建文档"制作毕业论文.docx"。将光标定位在首页。在"插入"选项卡的"文本"组中单击"艺术字"按钮，设置学院名称为"填充：黑色，文本色 1；阴影"，效果如图 3-82 所示。

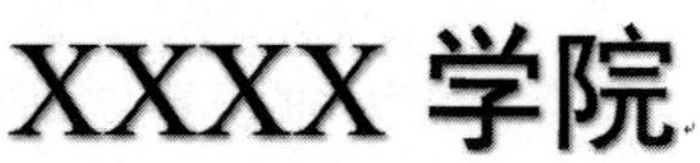

（2）在学院名称下输入文本"2021 届毕业论文"。在"开始"选项卡的"字体"组中，设置字体为"黑体"，字号为

图 3-82 效果图(1)

“一号”。用相同的方法输入论文题目，设置字体为“黑体”，字号为“二号”，效果如图 3-83 所示。

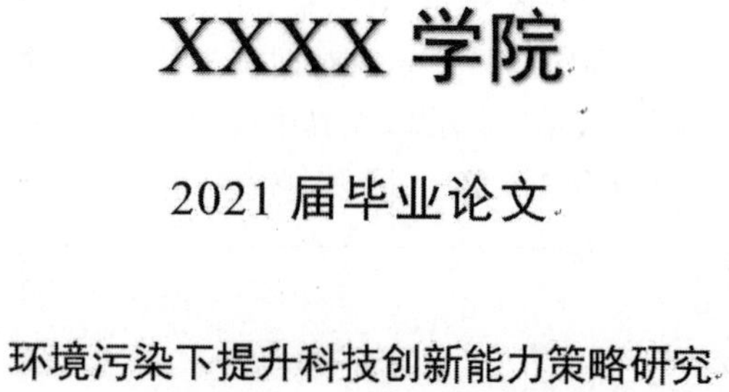

XXXX 学院

2021 届毕业论文

环境污染下提升科技创新能力策略研究

图 3-83　效果图(2)

(3) 将光标定位在论文题目下。在“插入”选项卡的“表格”组中单击“表格”按钮，插入一个 6 行 2 列的表格。在第 1 列分别输入“院(系)名称”“专业名称”“学生姓名”“学号”“指导教师”“完成时间”。在“开始”选项卡的“字体”组，设置“学号”的字体为 Times New Roman，字号为“小三”，剩余文本的字体为“黑体”，字号为“小三”，首页整体效果如图 3-84 所示。

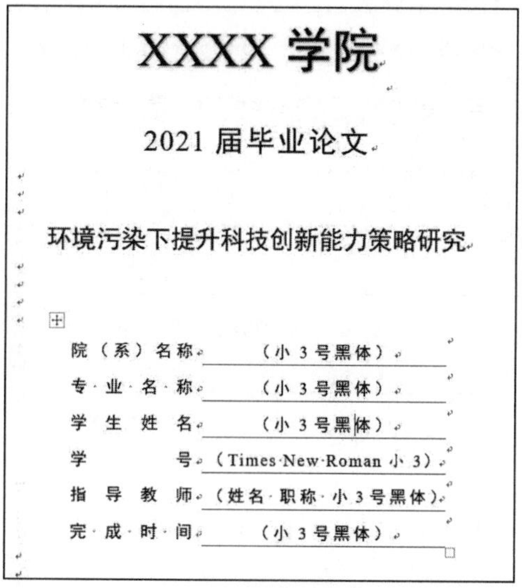

XXXX 学院

2021 届毕业论文

环境污染下提升科技创新能力策略研究

院（系）名称	（小 3 号黑体）
专 业 名 称	（小 3 号黑体）
学 生 姓 名	（小 3 号黑体）
学 号	（Times New Roman 小 3）
指 导 教 师	（姓名 职称 小 3 号黑体）
完 成 时 间	（小 3 号黑体）

图 3-84　效果图(3)

(4) 在第二页中输入摘要内容，在“开始”选项卡的“字体”组中，设置“摘要：”“关键词：”的字体为“宋体”，字号为“小四”，字形为“加粗”，设置后面文本的字体为“宋体”，字号为“小四”。单击“段落”组的对话框启动器按钮，弹出“段落”对话框，设置首行缩进为“2 字符”，行距为“1.25 倍”，效果如图 3-85 所示。

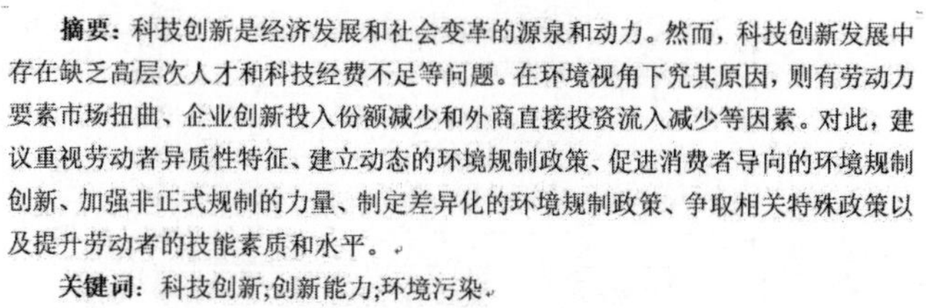

摘要：科技创新是经济发展和社会变革的源泉和动力。然而，科技创新发展中存在缺乏高层次人才和科技经费不足等问题。在环境视角下究其原因，则有劳动力要素市场扭曲、企业创新投入份额减少和外商直接投资流入减少等因素。对此，建议重视劳动者异质性特征、建立动态的环境规制政策、促进消费者导向的环境规制创新、加强非正式规制的力量、制定差异化的环境规制政策、争取相关特殊政策以及提升劳动者的技能素质和水平。

关键词：科技创新;创新能力;环境污染

图 3-85　效果图(4)

（5）修改样式。输入文本，在"开始"选项卡的"样式"组中，右击"标题 1"样式，在弹出的快捷菜单中选中"修改"选项，弹出"修改样式"对话框，如图 3-86 所示。在"格式"栏中设置字体为"黑体"，字号为"三号"，字形为"加粗"。单击对话框中的"格式"按钮，在弹出的选项中选中"段落"，弹出如图 3-87 所示的"段落"对话框，在其中将对齐方式设置为"居中"，在间距栏中设置段前和段后均为"0 行"，行距为"1.5 倍"。同理，修改标题 2、标题 3 和正文的格式。

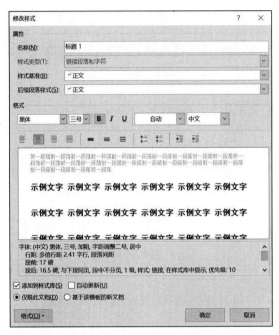

图 3-86 "修改样式"对话框

图 3-87 "段落"对话框

(6) 若在设置正文格式时,发生公式行间距不一致的情况,在设置段落格式时,可以取消选中"如果定义了文档网格,则对齐到网格"复选框,如图 3-88 所示。

图 3-88 "段落"对话框

(7) 定义新的多级列表。在"开始"选项卡的"段落"组中,单击 (多级列表)按钮,在弹出的菜单中选中"定义新的多级列表"选项,如图 3-89 所示。在弹出的如图 3-90 所示的"定义新多级列表"对话框中,选中"级别 1",在"输入编号的格式"栏中输入数字,在右侧"将级别链接到样式"列表中选中"标题 1";选中"级别 2",将级别链接到样式选为"标题 2";选中"级别 3","将级别链接到样式"选为标题 3。

图 3-89 "多级列表"菜单

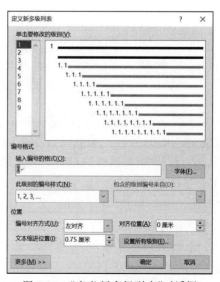

图 3-90 "定义新多级列表"对话框

(8) 应用样式。选中一级标题文本,在"开始"选项卡的"样式"组中选中"标题1"样式。用同样方法选中相应的文本,应用标题2、标题3和正文的样式后,效果如图3-91所示。

2 环境污染对科技创新的负面影响

2.1 劳动力要素市场扭曲

影响劳动力流动的因素很多,当经济发展到较高水平时,劳动力流动考虑的因素会从单一的经济因素(工资收入)转变为包括经济因素和非经济因素(自然环境、社会环境等)在内的多种因素。

2.2 企业创新投入份额减少

环境不好致使劳动力供给结构和供给数量的改变,从而增加企业的劳动力成本。因为技术创新具有高投入、高风险和长期性等特征,在资金不足的情况下,企业作为利润最大化的追求者,会选择将有限的资金投入到生产领域中,缩减对技术创新的研发力度和资金投入。

2.3 外商直接投资流入减少

外商直接投资的技术溢出效应可以促进区域科技进步,可以促进区域创新能力的提高。通过外商直接投资不仅可以获得资本,还可以学习国外先进的技术、管理等,从而促进科技进步和经济增长。而环境差的地区,其外商直接投资流入明显减少,自然环境、社会环境等会影响外商直接投资的区位选择。

图3-91 效果图(5)

(9) 插入目录页。在该页中输入文本"目录",在"开始"选项卡的"字体"组中单击"清除所有格式"按钮,清除字体格式,再将字体设置为"宋体",字号设置为"小四",在"段落"组中单击"左对齐"按钮。在文本"目录"后按Enter键,添加一段,接着在"引用"选项卡的"目录"组中单击"目录"按钮,从弹出的下拉菜单中选中"自定义目录"选项,在弹出的"目录"对话框中单击"确定"按钮,效果如图3-92所示。

```
目录
1  科技创新发展中存在的问题 ......................................................... 7
2  环境污染对科技创新的负面影响 ................................................. 7
    2.1  劳动力要素市场扭曲 ........................................................... 7
    2.2  企业创新投入份额减少 ....................................................... 7
    2.3  外商直接投资流入减少 ....................................................... 8
3  提升科技创新能力的对策与建议 ................................................. 8
    3.1  建立动态的环境规制政策 ................................................... 8
    3.2  促进消费者导向的环境规制创新 ....................................... 8
参考文献 ................................................................................................. 8
```

图3-92 效果图(6)

(10) 插入图片。将光标定位在论文中需要插入图片的位置,在"插入"选项卡的"表格"组中单击"表格"按钮,插入一个1行1列的表格,在"表格工具 | 布局"选项卡的"表"组中单击"属性"按钮,弹出"表格属性"对话框。在"单元格"选项卡中设置该单元格的垂直对齐方式为"居中",如图3-93所示。在"插入"选项卡的"插图"组中单击"图片"按钮,插入需要的图片,在"绘图工具 | 格式"选项卡的"大小"组中调整图片大小。

(11) 插入图序和图题。将光标定位在图片下方。在"插入"选项卡的"文本"组中单击"文本框"按钮,插入横排文本框,并在其中输入图题,在"开始"选项卡的"字体"组设置中文字体为"宋体",西文字体为Times New Roman,字号为"五号"。将光标定位在图题文本前,在"引用"选项卡的"题注"组单击"插入题注"按钮,弹出"题注"对话框,如图3-94所示。在

图 3-93 "表格属性"对话框

其中单击"新建标签"按钮,输入标签"图",单击"确定"按钮,接着单击"编号"按钮,在弹出的如图 3-95 所示的"题注编号"对话框中,选中"包含章节号"复选框,"章节起始样式"为"标题 1","使用分隔符"为"-(连字符)",单击"确定"按钮。重复步骤(10)、(11),给正文中其他图片依次添加图序和图题。

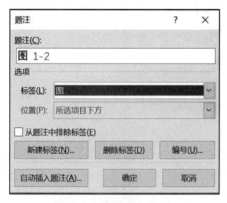
图 3-94 "题注"对话框

图 3-95 "题注编号"对话框

(12) 选中含有图注的文本框,在"绘图工具 | 格式"选项卡的"形状样式"组中,设置形状填充为"无填充",形状轮廓为"无轮廓",并调整文本框的位置,效果如图 3-96 所示。

(13) 交叉引用。将光标定位在正文文本"如"与"所示"之间,在"引用"选项卡的"题注"组中单击"交叉引用"按钮,在弹出的"交叉引用"对话框中将"引用类型"设置为"图","引用内容"设置为"仅标签和编号",在"引用哪一个题注"列表框中选中相应的图,单击"插入"按钮完成操作,效果如图 3-97 所示。

图 3-96　效果图（7）

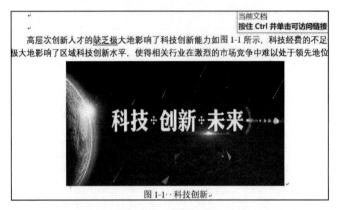

图 3-97　效果图（8）

（14）页面设置。在"布局"选项卡的"页面设置"组中单击"页边距"按钮，在弹出的下拉菜单中选中"自定义页边距"选项，弹出"页面设置"对话框，如图 3-98 所示。在"页边距"选

图 3-98　"页边距"选项卡

项卡中设置上、下页边距均为"2.54 厘米",左、右页边距均为"3.17 厘米",装订线为"靠左""0.5 厘米",在"版式"选项卡中设置页眉、页脚距边界均为"1 厘米",如图 3-99 所示。

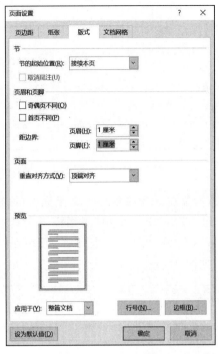

图 3-99　"版式"选项卡

（15）页眉设置。在"插入"选项卡的"页眉页脚"组中单击"页眉"按钮,在弹出的下拉菜单中选中"编辑页眉"选项,在页眉中输入论文题目。在"开始"选项卡的"字体"组中,设置中文字体为"宋体",西文字体为 Times New Roman,字号为"五号"。在"段落"组中设置页眉内容单倍行距,"居中"对齐,效果如图 3-100 所示。

图 3-100　效果图（9）

（16）页脚设置。在"插入"选项卡的"页眉页脚"组中单击"页脚"按钮,在弹出的下拉菜单中选中"页面底端"|"普通数字 2"选项。在"开始"选项卡的"字体"组中设置中文字体为"宋体",西文字体为 Times New Roman,字号为"小五"。在"段落"组中设置页码为单倍行距,"居中"对齐,效果如图 3-101 所示。

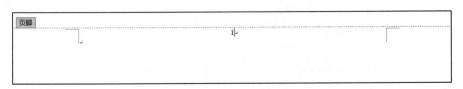

图 3-101　效果图（10）

(17) 为参考文献编号。选中全部参考文献内容。在“开始”选项卡的“段落”组中单击“编号”按钮，为参考文献定义编号格式，在“段落”对话框中设置行距为“1.5 倍”，效果如图 3-102 所示。

参考文献

[1] 张平，张鹏鹏. 房价、劳动力异质性与产业结构升级[J]. 当代经济科学，2016，38(2):87—93.

[2] 贾明琪，刘双双，辛江龙. 外商直接投资与科技创新、经济增长——基于西部 10 省面板数据的实证分析 [J]. 科学决策，2015，4:21—34.

[3] 冷艳丽，冼国明，杜思正. 外商直接投资与雾霾污染——基于中国省际面板数据的实证分析 [J]. 国际贸易问题，2015，12:74—84.

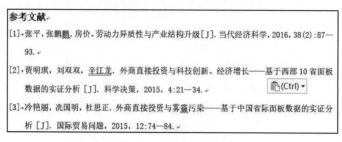

图 3-102　效果图(11)

(18) 交叉引用。将光标定位在需要添加参考文献索引的位置，在“引用”选项卡的“题注”组中单击“交叉引用”按钮，弹出“交叉引用”对话框。在其中设置“引用类型”为“编号项”，“引用内容”为“段落编号”，在“引用哪一个编号项”列表框中选中相应的参考文献，单击“插入”按钮，完成操作，效果如图 3-103 所示。

2.3 外商直接投资流入减少

外商直接投资可以促进区域科技进步，可以促进区域创新能力的提高[2]。通过外商直接投资不仅可以获得资本，还可以学习国外先进的技术、管理等，从而促进科技进步和经济增长。而环境差的地区，其外商直接投资流入明显减少[3]，自然环境、社会环境等会影响外商直接投资的区位选择。

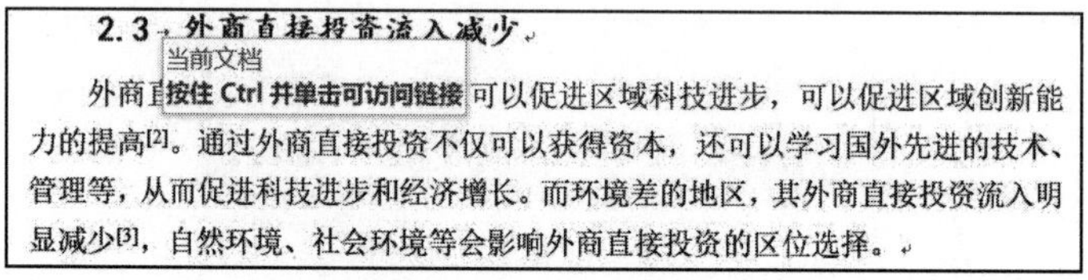

图 3-103　效果图(12)

(19) 在“视图”选项卡的“显示”组中单击“导航窗格”按钮，利用导航窗格能够快速定位每个章节，清晰看到每个章节的分类，效果如图 3-104 所示。

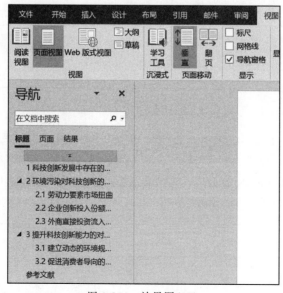

图 3-104　效果图(13)

第 4 章 用计算机进行电子表格处理

电子表格可以输入、输出、显示数据,可以帮助用户制作各种复杂的表格文档,进行烦琐的数据计算;能形象地将大量枯燥无味的数据转换成多种漂亮的彩色商业图表显示出来,极大地增强了数据的可视性。此外,电子表格还能将各种统计报告和统计图打印出来。Excel 2019 是微软 Office 办公套件中的电子表格组件。

本章通过实验,帮助读者掌握使用 Excel 2019 创建电子表格的方法以及公式与函数的应用,学会图表的制作和数据的排序、筛选等数据管理方法;通过实际操作,学会利用数据透视表和数据透视图对数据进行分析和汇总。

4.1 制作员工培训成绩表

【实验目的】

(1) 掌握 Excel 2019 的基本操作。
(2) 掌握 Excel 2019 各种数据类型的输入方法。
(3) 掌握数据的修改及编辑方法。
(4) 掌握数据格式化的方法与步骤。
(5) 掌握工作表的插入、删除、移动、复制、重命名等。
(6) 掌握单元格的常用函数基本的方法。
(7) 掌握打印输出的基本操作。

【知识储备】

掌握电子表格数据的输入与编辑的基础理论,学习工作表与单元格的基本操作。

【实验任务】

工作簿、工作表、单元格与打印的基本操作。

1) 任务描述

(1) 启动 Excel 2019,新建空白工作簿。
(2) 新建基于"每周家务安排表"模板的工作表。
(3) 在新建的空表工作簿中 A1 单元格的字体格式设置为"文本"。
(4) 在 A2 单元格中插入"√"和"※"。
(5) 使用填充柄在 A1:A5 单元格区域插入等差序列,使用"序列"对话框插入序列。
(6) 将插入序列的文件另存为"工作簿 3.xlsx"。
(7) 设置工作表标签的颜色。
(8) 隐藏和显示工作表。

(9) 保护工作表。

(10) 单元格的合并与拆分。

(11) 移动与复制数据。

(12) 单元格的插入与删除。

(13) 查找与替换数据。

(14) 套用表格格式。

(15) 打印工作表。

2) 任务实现

(1) 使用不同的方法启动 Excel 2019。

(2) 新建空白工作簿。在"文件"选项卡中选中"新建"选项,再选中"空白工作簿"选项,如图 4-1 所示。

图 4-1　新建空白工作簿

(3) 新建基于模板的工作簿。在"文件"选项卡中选中"新建"选项,在"新建"窗口中找到并单击"每周家务安排表"选项,单击"创建"按钮,即可新建模板为"每周家务安排表"的工作簿,如图 4-2 所示。

(4) 输入数据是制作表格的基础。输入文本与数字的方法相同,选中需要输入的单元格输入相应的文本与数字;由于身份号与银行卡号数字过多,在输入完成后,常常会出现数字错误现象,需要用户在输入之前单击需要输入的单元格并右击,在弹出的快捷菜单中选中"设置单元格格式"选项,弹出"设置单元格格式"对话框,如图 4-3 所示。在"分类"列表中选中"文本"选项,单击"确定"按钮,完成设置。需要输入其他数据时,根据需要在"分类"列表中进行选择。

(5) 插入特殊符号。在 Excel 2019 中,不能使用键盘输入"√""※"等特殊字符,可以在"插入"选项卡中单击"符号"按钮,在弹出的"符号"对话框中选中"符号"或"特殊字符"选项

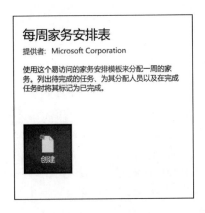

图 4-2 "每周家务安排表"工作簿的创建

图 4-3 "设置单元格格式"对话框

卡进行输入,如图 4-4 所示。

图 4-4 "符号"对话框

（6）数据填充。使用"填充柄"填充数据：在新建的空白工作簿 A1 单元格中输入"1"，将鼠标移动到该单元格右下角，鼠标变为"＋"形，按住鼠标左键拖动到 A15 单元格，在"自动填充选项"中选中"填充序列"，结果如图 4-5 所示。用户可以根据需要选择不同的填充方式。使用"序列"对话框填充数据：选择序列开始的单元格区域，在"开始"选项卡的"编辑"组中单击"填充"按钮，在弹出的下拉菜单中选中"序列"选项，弹出"序列"对话框，如图 4-6 所示，在"序列"对话框中根据需要进行设置。

图 4-5 "自动填充选项"结果

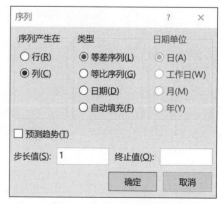

图 4-6 "序列"对话框

(7) 在"文件"选项卡中选中"保存"选项,弹出"另存为"对话框,设置文件"保存位置""文件名"等内容,如图 4-7 所示。也可以单击"快速访问工具栏"上的 ■(保存)按钮保存文件;或按 Ctrl+S 组合键快速保存文件。

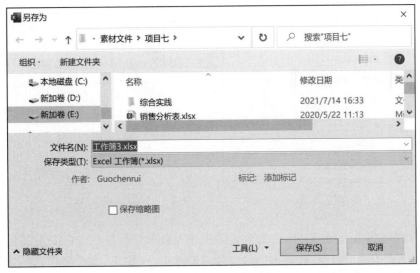

图 4-7 "另存为"对话框

(8) 设置工作表标签的颜色。Excel 中默认的工作表标签颜色是相同的,除了使用重命名工作表外,还可以为工作表标签设置不同颜色加以区分。设置方法是,右击工作表标签,在弹出的快捷菜单中选中"工作表标签颜色"选项,从弹出的"主题颜色"中选中需要的颜色,如图 4-8 所示。

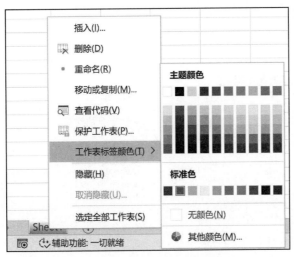

图 4-8 设置"工作表标签颜色"

(9) 隐藏和显示工作表。为了防止重要数据外泄,可以将重要数据的工作表隐藏起来。选中需要隐藏的工作表并右击,在弹出的快捷菜单中选中"隐藏"选项,将工作表隐藏,如图 4-9 所示。显示工作表时需要单击"取消隐藏",在弹出的"取消隐藏"对话框中选中需要取消隐藏的工作表,如图 4-10 所示,单击"确定"按钮即可完成工作表的隐藏。

图 4-9 "隐藏"工作表

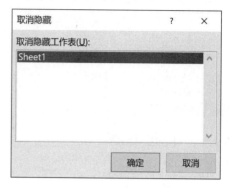

图 4-10 "取消隐藏"对话框

(10) 保护工作表。保护工作表是为了防止他人在未经授权的情况下对工作表进行操作。右击需要保护的工作表,在弹出的快捷菜单中选中"保护工作表"选项,弹出"保护工作表"对话框,如图 4-11 所示。在"取消工作表保护时使用的密码"文本框中输入密码"20210701";在"允许此工作表的所有用户进行"列表中选中用户可对该工作表执行的操作,单击"确定"按钮,在弹出的"确认密码"对话框中重新输入"20210701",如图 4-12 所示,单击"确定"按钮完成工作表的保护设置。

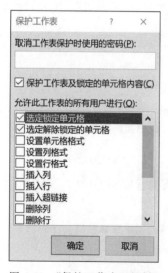

图 4-11 "保护工作表"对话框

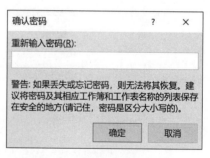

图 4-12 "确认密码"对话框

(11) 单元格的合并与差分。实际工作中常常需要合并与拆分单元格。选择 A1:N1 单元格,在"开始"选项卡的"对齐方式"组中单击"合并后居中"按钮,在弹出的下拉菜单中选中"合并后居中"选项,如图 4-13 所示。若需要差分单元格,在选中需要拆分的单元格之后,单击"合并后居中"按钮,即可拆分已合并的单元格。

（12）移动与复制数据。当需要调整数据的位置，或从其他单元格中编辑相同数据时，可以利用 Excel 的移动与复制功能快速编辑数据。选中需要移动或复制的区域 A2：L8，在"开始"选项卡的"剪贴板"组中单击"剪切"或"复制"按钮，单击目标区域的开始单元格 A10，在"剪贴板"组中单击"粘贴"按钮，完成数据的移动或复制。复制结果如图 4-14 所示。选择需要移动或复制数据的单元格，按 Ctrl＋X 或 Ctrl＋C 组合键剪切或复制数据，然后单击目标单元格，按 Ctrl＋V 组合键即可快速移动或复制数据。

图 4-13 "合并后居中"下拉列表

	A	B	C	D	E	F	G	H	I	J	K	L	M
1	成绩登记表												
2	学号	学院	性别	年龄	籍贯	学分	大学英语	大学物理	大学语文	电路基础	高等数学	计算机基础	总分
3	2020K21	信息系	男	30	陕西	12	95	83	93	86	84	87	
4	2020K22	信息系	男	32	江西	12	85	90	95	86	92	90	
5	2020K23	信息系	女	24	河北	10	80	79	94	52	76	76	
6	2020K24	信息系	男	26	山东	12	90	80	91	86	86	92	
7	2020K25	信息系	女	25	江西	8	50	81	85	48	75	85	
8	2020K26	信息系	女	26	湖南	12	78	68	90	86	88	94	
9					平均分								
10	学号	学院	性别	年龄	籍贯	学分	大学英语	大学物理	大学语文	电路基础	高等数学	计算机基础	
11	2020K21	信息系	男	30	陕西	12	95	83	93	86	84	87	
12	2020K22	信息系	男	32	江西	12	85	90	95	86	92	90	
13	2020K23	信息系	女	24	河北	10	80	79	94	52	76	76	
14	2020K24	信息系	男	26	山东	12	90	80	91	86	86	92	
15	2020K25	信息系	女	25	江西	8	50	81	85	48	75	85	
16	2020K26	信息系	女	26	湖南	12	78	68	90	86	88	94	

图 4-14 复制学生成绩

（13）单元格的插入与删除。在编辑表格数据时，若发现数据有遗漏或重复，需要添加或删除单元格。插入单元格：选中 E9 单元格，在"开始"选项卡的"单元格"组中单击"插入"按钮，在下拉菜单中选中"插入单元格"选项，在弹出的"插入"对话框中选中"活动单元格右移"复选框，如图 4-15 所示。单击"确定"按钮。选择 A10：L16 区域，在"单元格"组中单击"删除"按钮，在弹出的下拉菜单中选中"删除单元格"选项，在弹出的"删除文档"对话框中选中"下方单元格上移"单选按钮，如图 4-16 所示。单击"确定"按钮，完成操作。

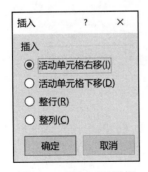

图 4-15 "插入"对话框

图 4-16 "删除文档"对话框

（14）查找与替换数据。使用查找与替换功能，可快速定位到满足查找条件的单元格，并可以将单元格的数据替换为需要的数据。选中 A1 单元格,在"开始"选项卡的"编辑"组中单击"查找和选择"按钮,在弹出的下拉菜单中选中"查找"选项,在弹出的"查找和替换"对话框的"替换"选项卡中的"查找内容"文本框中输入"81","替换为"文本框中输入"90",如图 4-17 所示。单击"替换"按钮,完成数据的替换。

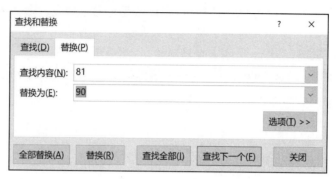

图 4-17 "查找和替换"对话框

(15)套用表格格式。选中 A3:L8 单元格区域,在"开始"选项卡的"样式"组中单击"套用表格格式"按钮,在弹出的下拉菜单中选中"蓝色,标样式中等深浅 9"选项,如图 4-18 所示。单击"确定"按钮,结果如图 4-19 所示。

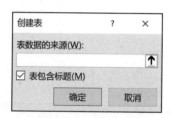

图 4-18 "创建表"对话框

	A	B	C	D	E	F	G	H	I	J	K	L	M	N
1	成绩登记表	列1	列2	列3	列4	列5	列6	列7	列8	列9	列10	列11	列12	列13
2	学号	学院	性别	年龄	籍贯	学分	大学英语	大学物理	大学语文	电路基础	高等数学	计算机基础	总分	个人平均分
3	2020K21	信息系	男	30	陕西	12	95	83	93	86	84	87		
4	2020K22	信息系	男	32	江西	12	85	90	95	86	92	90		
5	2020K23	信息系	女	24	河北	10	80	79	94	52	76	76		
6	2020K24	信息系	男	26	山东	12	90	80	91	86	86	92		
7	2020K25	信息系	女	25	江西	8	50	81	85	48	75	85		
8	2020K26	信息系	女	26	湖南	12	78	68	90	86	88	94		
9					平均分									

图 4-19 应用表格格式结果

(16)打印工作表。在"页面布局"选项卡中单击"页面设置"组的对话框启动器按钮,弹出"页面设置"对话框。在"页面"选项卡的"方向"选项组中选中"横向"单选按钮,在"缩放比例"框中输入 80,在"纸张大小"下拉列表中选中"A4"选项,如图 4-20 所示。在"页边距"选项卡的"居中方式"栏中选中"水平"复选框,单击"打印预览"按钮,结果如图 4-21 所示。

图 4-20 设置"页面"

成绩登记表	列1	列2	列3	列4	列5	列6	列7	列8	列9	列10	列11	列12	列13
学号	学院	性别	年龄	籍贯	学分	大学英语	大学物理	大学语文	电路基础	高等数学	计算机基础	总分	个人平均分
2020K21	信息系	男	30	陕西	12	95	83	93	86	84	87		
2020K22	信息系	男	32	江苏	12	85	90	95	86	92	90		
2020K23	信息系	女	24	河北	10	80	79	94	52	76	76		
2020K24	信息系	男	26	山东	12	90	80	91	86	86	92		
2020K25	信息系	女	25	江西	8	50	81	85	48	75	85		
2020K26	信息系	女	26	湖南	12	78	68	90	86	88	94		
					平均分								

图 4-21 打印预览效果

4.2 制作员工信息表

【实验目的】

(1) 掌握数据的输入、移动与复制。
(2) 掌握数据快速填充。
(3) 掌握单元格的合并与拆分、插入与删除。
(4) 掌握工作表的复制。
(5) 了解工作表的隐藏与显示,工作表的保护。
(6) 了解表格格式的套用。

【知识储备】

掌握单元格的基本操作,工作表的基本操作等。

【实验任务】

（1）标题：合并且居中，字体为“黑体”，大小为“22”，颜色为红色，字体样式为“加粗 倾斜”。

（2）表头：字体为“宋体”，大小为“12”，对齐方式为“居中”，字体样式为“加粗”，颜色为黑色。

（3）将所有数据都设置为“居中”对齐。

（4）D 列“身份证号码”格式设置为“文本”；E 列“入职时间”设置为“日期”，格式为“2021 年 7 月 16 日”。

（5）显示所有边框。

（6）工作表命名为“员工信息表”。

（7）在 A3 单元格中填入 088001，使用填充柄填充到 A24 单元格。注意，应将格式修改为“文本”。

（8）在 E 列于 F 列中间插入新的一列，表头命名为“离职时间”，然后删除“离职时间”列。

（9）使用工作表复制功能建立“员工信息表”副本，并命名为“员工信息表-身份证号”，然后将建立的“员工信息表-身份证号”工作表隐藏后显示。

（10）删除“员工信息表”工作表中的身份证号码列，保护“员工信息表-身份证号”工作表。

（11）套用表格格式。

（12）打印“员工信息工作表”。

员工信息工作表如图 4-22 所示。

飞达公司员工考勤及工资表

员工号	姓名	性别	身份证号码	入职时间	部门	职称	基础工资	入职年限	入职津贴	基本工资	加班小时	迟到次数	请假天数	绩效工资	绩效等级	总工资
088001	刘业颖	男	012345678912345678	2001年12月1日	技术部	工程师	¥ 6,000	5	¥ 500	¥6,500	30	1	2	¥ 500	C	¥ 7,000
088002	邓子业	男	012345678912345678	2001年12月2日	技术部	工程师	¥ 6,000	3	¥ 300	¥6,300	30		2	¥ 550	C	¥ 6,850
088003	王昊	女	012345678912345678	2001年12月3日	工程部	其他	¥ 4,000	4	¥ 400	¥4,400	30	1	2	¥ 500	C	¥ 4,900
088004	李亚男	女	012345678912345678	2001年12月4日	财务部	工程师	¥ 6,000	2	¥ 200	¥6,200	35		1	¥ 775	A	¥ 7,175
088005	谢雨光	男	012345678912345678	2001年12月5日	行政部	工程师	¥ 6,000	5	¥ 500	¥6,500	28	1		¥ 650	B	¥ 7,200
088006	袁旭斌	男	012345678912345678	2001年12月6日	贸易部	工程师	¥ 6,000	4	¥ 400	¥6,400	23	1		¥ 525	C	¥ 6,925
088007	陈宇建	女	012345678912345678	2001年12月7日	技术部	工程师	¥ 6,000	3	¥ 300	¥6,300	30		2	¥ 550	C	¥ 6,850
088008	黄泽佳	女	012345678912345678	2001年12月8日	工程部	其他	¥ 4,000	2	¥ 200	¥4,200	30			¥ 750	A	¥ 5,150
088009	吴飞	男	012345678912345678	2001年12月9日	财务部	工程师	¥ 6,000	1	¥ 100	¥6,100	25	1	1	¥ 475	C	¥ 6,575
088010	杨凯生	男	012345678912345678	2001年12月10日	行政部	工程师	¥ 6,000	1	¥ 100	¥6,100	10	1		¥ 200	C	¥ 6,300
088011	黄国滨	女	012345678912345678	2001年12月11日	贸易部	工程师	¥ 6,000	2	¥ 200	¥6,200	24	1		¥ 550	C	¥ 6,750
088012	江悦强	男	012345678912345678	2001年12月12日	技术部	其他	¥ 4,000	2	¥ 200	¥4,200	30	1		¥ 700	B	¥ 4,950
088013	王超	女	012345678912345678	2001年12月13日	工程部	工程师	¥ 6,000	3	¥ 300	¥6,300	40	1	1	¥ 850	A	¥ 7,350
088014	叶德伟	女	012345678912345678	2001年12月14日	财务部	工程师	¥ 6,000	5	¥ 500	¥6,500	25		2	¥ 425	C	¥ 6,925
088015	蔺俊杰	女	012345678912345678	2001年12月15日	行政部	工程师	¥ 6,000	2	¥ 200	¥6,200	30	1		¥ 700	B	¥ 6,950
088016	黄宇业	男	012345678912345678	2001年12月16日	贸易部	工程师	¥ 6,000	2	¥ 200	¥6,200	25	1		¥ 575	C	¥ 6,775
088017	庄虹星	男	012345678912345678	2001年12月17日	技术部	工程师	¥ 6,000	5	¥ 500	¥6,500	22	1		¥ 500	C	¥ 7,000
088018	林育明	女	012345678912345678	2001年12月18日	工程部	工程师	¥ 6,000	4	¥ 400	¥6,400	30	4	2	¥ 350	C	¥ 6,750
088019	叶品卉	男	012345678912345678	2001年12月19日	财务部	其他	¥ 4,000	4	¥ 400	¥4,400	40			¥1,000	A	¥ 5,600
088020	李万强	女	012345678912345678	2001年12月20日	行政部	工程师	¥ 6,000	2	¥ 200	¥6,200	31			¥ 775	A	¥ 7,175
088021	王志华	女	012345678912345678	2001年12月21日	贸易部	工程师	¥ 6,000	1	¥ 100	¥6,100	18	1		¥ 400	C	¥ 6,500
088022	吴妙辉	男	012345678912345678	2001年12月22日	贸易部	工程师	¥ 6,000	1	¥ 100	¥6,100	35	1		¥ 825	A	¥ 7,125

图 4-22 员工信息表图

4.3 制作员工一季度工资统计表

【实验目的】

（1）掌握使用加、减、乘、除等函数计算数据。

（2）掌握 SUM()、MAX()、MIN()、AVERAGE()、IF()等函数。

（3）掌握使用数据记录单输入数据内容、数据排序、数据筛选、数据汇总、定位选择与分列显示数据等操作。

【知识储备】

（1）了解公式的格式与输入。
（2）了解常用函数。
（3）了解数据排序、数据筛选、数据汇总等。

【实验任务】

公式和函数的使用、数据排序与筛选。

1) 任务描述
（1）使用公式计算第一季度的总工资。
（2）使用 AVERAGE() 函数计算平均工资。
（3）使用 IF() 与 AVERAGE() 函数嵌套判断平均工资是否大于 2000。
（4）使用自动筛选，筛选出"行政部门"人员信息。

2) 任务实现
（1）输入公式。打开"员工工资表"工作簿，在 F3 单元格中输入"＝C3＋D3＋E3"，单击 Enter 键，计算出"韩素"第一季度总工资，如图 4-23 所示。

图 4-23　输入公式

（2）复制与填充公式。选中单元格 F3，按 Ctrl＋C 组合键复制公式，选中 F4 单元格，按 Ctrl＋V 组合键进行粘贴操作，C4、D4 和 E4 单元格中数值之和会自动出现在 F4 单元格中。选中 F4 单元格，将鼠标移动到该单元格的右下角，当鼠标变成"＋"形时，将填充柄拖到 F18 单元格，释放鼠标左键，在 F5：F18 区域将计算出结果，如图 4-24 所示。

	A	B	C	D	E	F
1			员工一季度工资统计表			
2	部门	姓名	1月份	2月份	3月份	工资汇总（元）
3	行政部	韩素	1430	1560.2	1654.5	4644.7
4	销售部	张红丽	1339.2	1310.4	1296	3945.6
5	销售部	景佳人	980.2	994.2	1320.2	3294.6
6	客服部	张晓霞	1252.8	1368	1238.4	3859.2
7	行政部	郭晓诗	979.2	1532	1310.4	3821.6
8	销售部	王浩	1008	1696	1382.4	4086.4
9	客服部	张军军	936	1860	1454.4	4250.4
10	行政部	刘瑾	806.4	2024	1526.4	4356.8
11	客服部	张跃进	1108.8	2188	1598.4	4895.2
12	销售部	石磊	1411.2	2352	1670.4	5433.6
13	客服部	黄益达	1713.6	2516	1742.4	5972
14	行政部	刘金华	2016	2680	1814.4	6510.4
15	行政部	李珊	2318.4	2844	1886.4	7048.8
16	销售部	杨茂	2620.8	3008	1958.4	7587.2
17	销售部	黄寒冰	2923.2	3172	2030.4	8125.6
18	客服部	彭念念	3225.6	3336	2102.4	8664

图 4-24　填充柄填充公式

(3) 输入函数。选中 G3 单元格,在编辑栏中单击"插入函数"按钮 fx。在弹出的"插入函数"对话框的"或选择类别"下拉列表中选中"常用函数"选项,在"选择函数"列表中选中 AVERAGE 选项,单击"确定"按钮,如图 4-25 所示。在弹出的"函数参数"对话框的"Number1"文本框中输入需要进行计算的单元格区域,如图 4-26 所示。单击"确定"按钮,计算工资的平均值。使用填充柄计算其他员工的平均工资。

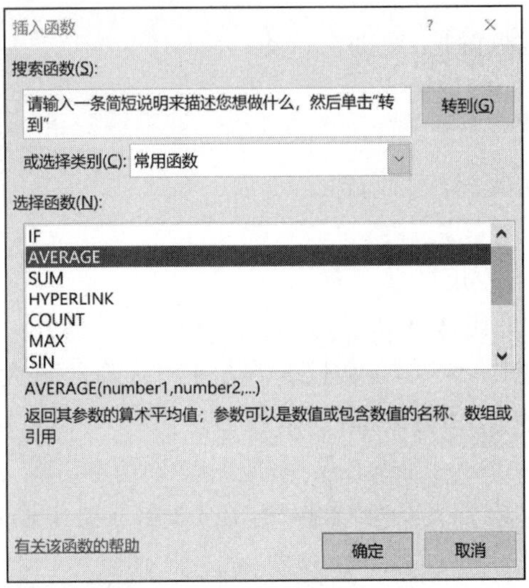

图 4-25 "插入函数"对话框

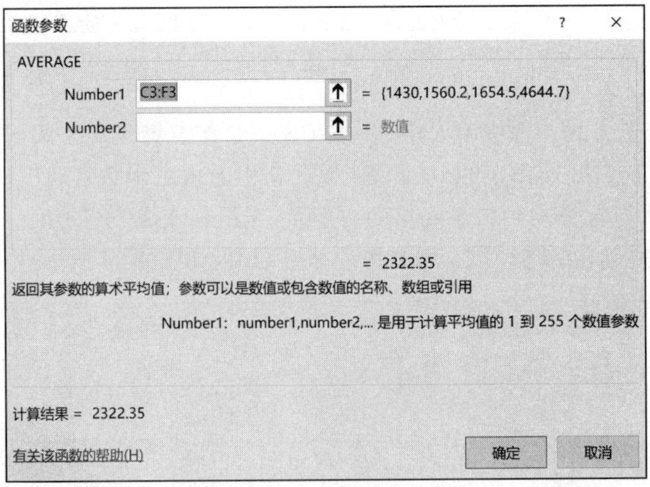

图 4-26 "函数参数"对话框

(4) 嵌套函数。使用嵌套函数判断第一季度平均工资是否大于 2000,选中 H3 单元格,单击"插入函数"按钮 fx,在弹出的"插入函数"对话框中选中 IF 选项,单击"确定"按钮,在弹出的"函数参数"对话框的 Logical_test 文本框中输入"AVERAGE(C3：E3)＞2000",在 Value_if_true 文本框中输入"平均工资＞2000",在 Value_if_false 文本框中输入"平均工资＜2000",如图 4-27 所示。使用填充柄,将计算其他员工平均工资是否大于 2000。

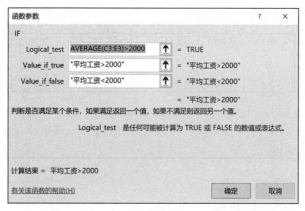

图 4-27 "函数参数"对话框

（5）自动筛选。在工作表中任意选中一个有数据的单元格，在"数据"选项卡的"排序和筛选"组中单击"筛选"按钮，如图 4-28 所示。在工作表每个表头数据对应的单元格右侧将出现 ▼ 按钮，在"部门"数据列单击 ▼ 按钮，在弹出的下拉列表中取消选中"全选"复选框，然后单击选中"行政部"复选框，完成后单击"确定"按钮，如图 4-29 所示。筛选结果如图 4-30 所示。

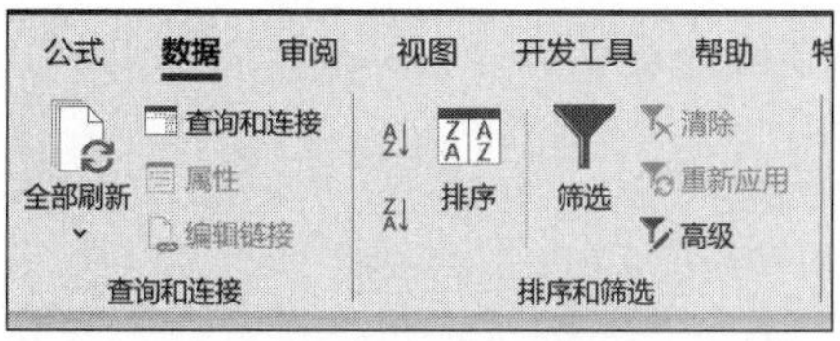

图 4-28 "筛选"按钮　　　　　　图 4-29 设置自动筛选条件

	A	B	C	D	E	F	G	H
1				员工一季度工资统计表				
2	部门	姓名	1月份	2月份	3月份	工资汇总（元）	平均工	
3	行政部	韩素	1430	1560.2	1654.5	4644.7	1548.233	平均工资<2000
7	行政部	郭晓诗	979.2	1532	1310.4	3821.6	1273.867	平均工资<2000
10	行政部	刘瑾	806.4	2024	1526.4	4356.8	1452.267	平均工资<2000
14	行政部	刘金华	2016	2680	1814.4	6510.4	2170.133	平均工资>2000
15	行政部	李珊	2318.4	2844	1886.4	7048.8	2349.6	平均工资>2000

图 4-30 自动筛选结果

4.4 制作学生成绩单

【实验目的】

(1) 掌握公式的应用。
(2) 掌握 SUM()、MAX()、MIN()、AVERAGE()、IF()等常用函数。
(3) 掌握数据的筛选。

【知识储备】

(1) 了解公式的格式与输入。
(2) 了解常用函数。
(3) 了解数据排序、数据筛选、数据汇总等。

【实验任务】

(1) 打开学生成绩表,使用公式计算出所有学生的平均成绩。
(2) 使用函数计算出所有科目的总分与平均分。
(3) 使用嵌套函数判断单科分数是否低于平均分。
(4) 筛选出"思想道德基础与法律修养"分数大于或等于 90 分的同学。

4.5 店铺业绩的排序与汇总

【实验目的】

(1) 掌握自动排序。
(2) 掌握按关键字排序。
(3) 掌握分类汇总。

【知识储备】

熟悉自动排序与关键字排序的基本方法,了解分类汇总。

【实验任务】

统计分析店铺业绩统计表。

1) 任务描述

通过本案例的学习,掌握数据排序的方法,掌握数据筛选的功能。公司要对下属员工进行绩效考核,作为财务部一名员工,部长要求对工厂一季度的员工绩效进行统计分析,相关要求如下。

(1) 打开已经创建完成的员工绩效表,对其中的数据分别进行快速排序、组合排序和自定义排序。
(2) 对表中的数据按照不同的条件进行自动筛选、自定义筛选和高级筛选操作,并在表格中使用条件格式。

（3）按照不同的设置字段，为表格中的数据创建分类汇总、嵌套分类汇总，然后查看分类汇总的数据。

2）任务实现

在 Excel 中，数据排序是指根据存出在表格中数据的类型，将其按照一定的方式重新排列。使用 Excel 中的数据排序功能对数据进行排序，有助于快速直观地显示、组织和查找所需要的数据，更好地理解数据。

（1）自动排序。自动排序是最基本的数据排序方式，使用该方式，系统将自动识别并排序数据。打开"一季度员工绩效表"，在工作表中选择需要排序的"工种"列中的任意一个单元格，例如选中 C3 单元格，然后在"数据"选项卡的"排序和筛选"组中单击"升序"按钮 ，C3：C18 单元格区域中的数据将按"工种"首字母的先后顺序排列，且其他与之对应的数据将自动排序，排序结果如图 4-31 所示。

	A	B	C	D	E	F	G
1				一季度员工绩效表			
2	编号	姓名	工种	1月份	2月份	3月份	季度总产能
3	CJ-0002	张红丽	检验	2500	3420	2800	1530
4	CJ-0010	石磊	检验	3900	2352	5420	1546
5	CJ-0011	黄益达	检验	3800	2516	6520	1563
6	CJ-0015	黄寒冰	检验	2920	3172	3600	1584
7	CJ-0006	王浩	流水	2500	5600	6420	1536
8	CJ-0008	刘瑾	流水	3600	2024	2580	1585
9	CJ-0012	刘金华	流水	2450	2680	3546	1521
10	CJ-0016	彭念念	流水	3300	3336	4500	1564
11	CJ-0004	张晓霞	运输	2000	2230	3640	1546
12	CJ-0005	郭晓诗	运输	7000	6300	2356	1562
13	CJ-0009	张跃进	运输	2700	2188	4560	1546
14	CJ-0013	李珊	运输	2600	2844	6452	1594
15	CJ-0001	韩素	装配	2430	2940	3600	1532
16	CJ-0003	景佳人	装配	3600	3360	2600	1564
17	CJ-0007	张军军	装配	6500	2000	2300	1597
18	CJ-0014	杨茂	装配	2970	3008	2145	1592

图 4-31　自动排序结果

（2）按关键字排序。选中 A3：G18 单元格区域，在"数据"选项卡的"排序和筛选"组中单击"排序"按钮，弹出"排序"对话框。在"主要关键字"下拉列表中选中"工种"，将"次序"选为"降序"；单击"添加条件"，在"次要关键字"下拉列表中选中"季度总产能"，将"次序"选为"升序"，如图 4-32 所示。单击"确定"按钮，排序结果如图 4-33 所示。

图 4-32　"排序"对话框

· 97 ·

图 4-33 按关键字排序结果

（3）分类汇总。选中除表头外的单元格区域，在"数据"选项卡的"分级显示"组中单击"分类汇总"按钮，弹出"分类汇总"对话框中。在"分类字段"下拉列表中选中"工种"，在"汇总方式"下拉列表中选中"求和"，在"选定汇总项"下拉列表中选中"季度总产能"，如图 4-34 所示。单击"确定"按钮，分类汇总结果如图 4-35 所示。

图 4-34 "分类汇总"对话框

图 4-35 分类汇总结果

4.6　学生成绩单的排序与汇总

【实验目的】

(1) 掌握自动排序。
(2) 掌握按关键字排序。
(3) 掌握分类汇总。

【知识储备】

熟悉自动排序与关键字排序的基本方法,了解分类汇总。

【实验任务】

(1) 打开 4.4 节制作好的成绩表,对其中的数据进行"自定义排序","主要关键字"为每位同学的总成绩,"次序"设置为"降序";"次要关键字"设置为"思想道德基础与法律修养"的成绩,"次序"设置为"降序"。
(2) 按照"大学语文"字段,为表格中的数据创建分类汇总。

4.7　统计员工考勤情况

【实验目的】

(1) 掌握数据透视表的创建和编辑。
(2) 数据透视图的创建和编辑。
(3) 掌握在数据图中筛选分析数据等操作。

【知识储备】

(1) 了解数据透视表的创建。
(2) 了解数据透视图的创建。

【实验任务】

数据透视表和透视图的实验。
1) 任务描述
(1) 创建数据透视表。
(2) 编辑数据透视表。
(3) 美化数据透视表。
(4) 创建数据透视图。
(5) 编辑数据透视图。
(6) 美化数据透视图。
(7) 在数据透视图中筛选数据。

2）任务实现

（1）创建数据透视表。打开"员工信息表"工作簿，选择 A2：P24 单元格区域，在"插入"选项卡的"表格"组中单击"数据透视表"按钮。在弹出的"创建数据透视表"对话框中保持默认设置，如图 4-36 所示。单击"确定"按钮，会自动创建一个空白工作表存放创建的空白数据透视表，如图 4-37 所示。

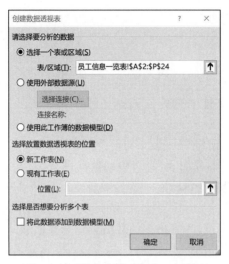

图 4-36 "创建数据透视表"对话框

图 4-37 数据透视表

（2）编辑数据透视表。将存放数据透视表的工作表重命名为"数据透视表"，在"数据透视表字段"任务窗格中，将"选择要添加到报表的字段"设为"部门""姓名""加班小时""迟到次数""请假天数",如图 4-38 所示。将"在以下区域间拖动字段"设为"姓名",单击下拉按钮▼,在弹出的列表中选中"上移",如图 4-39 所示。移动后结果如图 4-40 所示。

图 4-38　在数据透视表中添加字段

图 4-39　上移操作

(3) 单击"部门"按钮,在下拉菜单中选中"移动到报表筛选"选项,如图 4-41 所示。单击"部门(全部)"字段右侧的下拉按钮▼,在弹出的列表中选中"选择多项"复选框,然后撤销"工程部""技术部"和"贸易部"复选框,如图 4-42 所示。单击"确定"按钮,结果如图 4-43 所示。

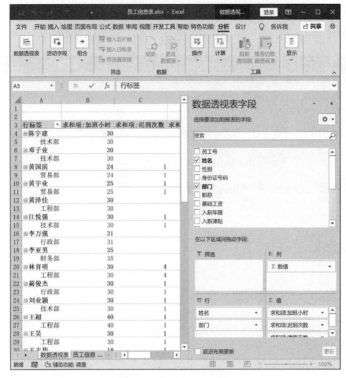

图 4-40　上移后结果

图 4-41　将"部门"移动到报表筛选

图 4-42 在报表筛选中查看所需字段

	A	B	C	D
1	部门	(多项)		
2				
3	行标签	求和项:加班小时	求和项:迟到次数	求和项:请假天数
4	李万强	31		
5	李亚男	35		1
6	蔺俊杰	30	1	
7	吴飞	25	1	1
8	谢雨光	28	1	
9	杨凯生	10		
10	叶德伟	25		2
11	叶品卉	40		
12	总计	224	4	4

图 4-43 在报表筛选中筛选结果

(4) 美化数据透视表。在"数据透视表工具 | 分析"选项卡的"布局"组中单击"报表布局"按钮,在下拉菜单中选中"以表格形式显示"选项,如图 4-44 所示。在"数据透视表工具 | 分析"选项卡的"数据透视表样式"组中选中"深色"中的"蓝色,数据透视表样式深色 16",如图 4-45 所示。应用数据透视表样式结果如图 4-46 所示。

(5) 创建数据透视图。撤销第 3 步中对"部门"数据的筛选。选中数据透视表中的任意一个单元格,在"数据透视表工具 | 设计"选项卡的"工具"组中单击"数据透视图"按钮,在弹出的"插入图表"对话框中选中"柱形图"中的"三维柱形图"选项,如图 4-47 所示。单击"确定"按钮,系统将自动弹出数据透视图,如图 4-48 所示。

(6) 编辑数据透视图。在"数据透视图 | 设计"选项卡的"位置"组中单击"移动图表"按钮,在弹出的"移动图表"对话框中选中"新工作表"单选按钮,在其右边的文本框中输入"数据透视图",如图 4-49 所示,单击"确定"按钮。返回工作表,数据透视图将存放在名为"数据透视图"的工作表中,如图 4-50 所示。

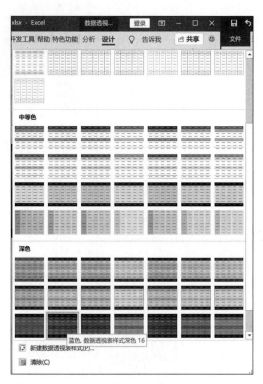

图 4-44　设置报表布局的显示方式　　　　图 4-45　"数据透视表样式"选择

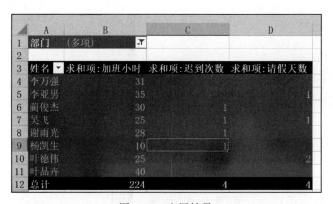

图 4-46　应用结果

（7）设置数据透视图样式。在"数据透视图工具｜格式"选项卡的"形状样式"组中选中图 4-51 所示样式，结果如图 4-52 所示。

（8）设置数据透视图字体。右击数据透视图的横坐标，在列表中选中"字体"，在弹出的"字体"对话框中设置字体样式为"加粗 倾斜"，大小为"9"，如图 4-53 所示。单击"确定"按钮，返回主界面。使用同样的方法将纵坐标字体设置为"加粗 倾斜"，大小设置为"10"，结果如图 4-54 所示。

（9）设置数据透视图网格线。选中数据透视图，单击其右侧的"图表元素"按钮，在弹出的列表中选中"网格线"复选框，并单击右侧的按钮，在弹出的列表中选中"主轴主要垂直

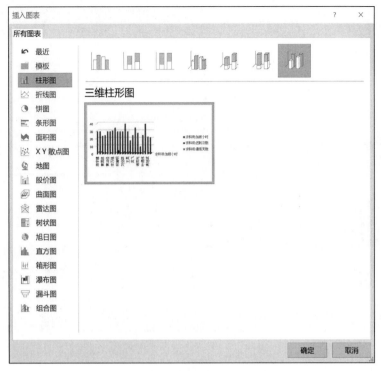

图 4-47 "插入图表"对话框

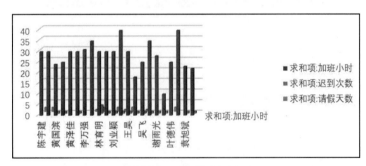

图 4-48 数据透视图

图 4-49 "移动图表"对话框

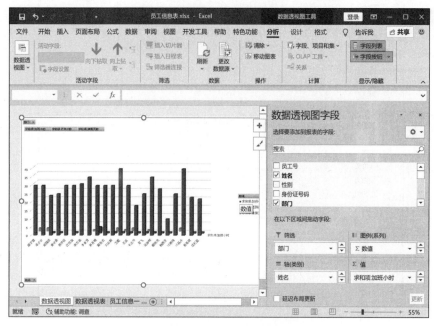

图 4-50 数据透视图工作表

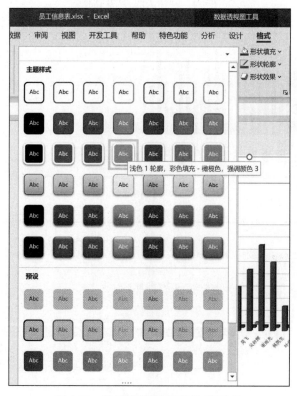

图 4-51 数据透视图"形状样式"选择

• 106 •

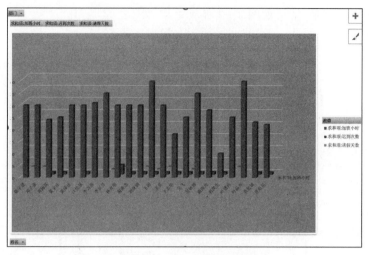

图 4-52 应用"形状样式"结果图

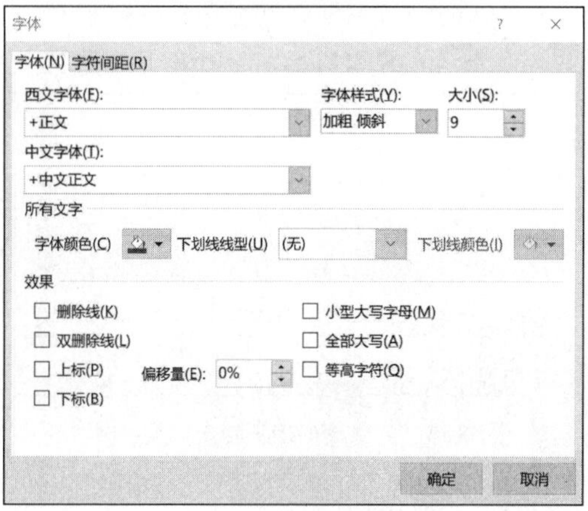

图 4-53 "字体"对话框

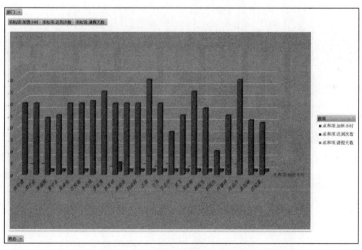

图 4-54 设置数据透视表字体

网格线",如图 4-55 所示,结果如图 4-56 所示。

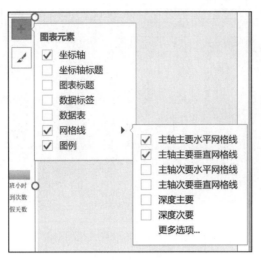

图 4-55　数据透视图"图表元素"

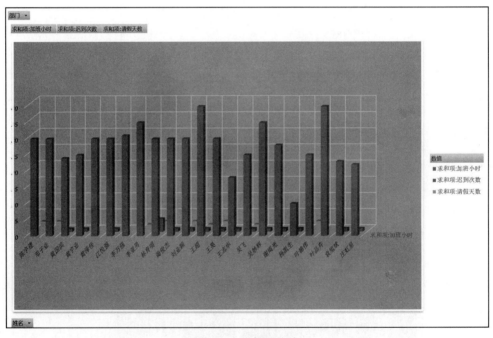

图 4-56　添加网格线

(10) 在数据透视图中筛选数据。数据透视图具有交互功能,在数据透视图中,用户可以筛选需要的数据进行查看。单击透视图左上角的"部门"右侧的按钮，在下拉列表中取消选中"贸易部"复选框,单击"确定"按钮,筛选后数据透视图如图 4-57 所示。使用同种方法筛选左下角"姓名",并查看结果。

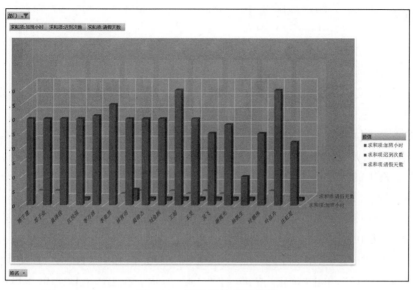

图 4-57　筛选后数据透视图

4.8　统计销售情况

【实验目的】

(1) 掌握数据透视表。

(2) 掌握数据透视图。

【知识储备】

了解数据透视表与数据透视图。

【实验任务】

(1) 打开"上半年产品销售统计表"工作簿,创建数据透视表,编辑于美化数据透视表。

(2) 创建数据透视图,并在数据透视图中筛选数据。

4.9　图表的绘制

【实验目的】

(1) 掌握迷你图分析数、创建图表、编辑于美化图表。

(2) 掌握在图表中添加趋势线预测销售数据等操作。

【知识储备】

了解迷你图的创建,了解图表的创建与美化;了解趋势线的创建。

【实验任务】

产品销售图表制作。

1）任务描述

（1）打开已经创建并编辑好的素材表格，根据表格中的数据创建图表，并将其移动到新的工作表中。

（2）对图表进行相应编辑，修改图表数据、修改图表类型、设置图表样式、调整图表布局、设置图表格式、调整图表对象的显示与分布和使用趋势线等。

（3）为表格中的数据插入迷你图。

2）任务实现

（1）创建迷你图。打开"上半年产品销售统计表"工作簿，选中 A12 单元格，输入文本"迷你图"，然后选中 B3：H12 单元格区域，在"插入"选项卡的"迷你图"组中单击"折线图"按钮，在弹出的"创建迷你图"对话框的"数据范围"中填入"B3：H10"，"位置范围"中填入"＄B＄12：＄H＄12"，单击"确定"按钮，如图 4-58 所示。在 B12：H12 单元格区域内创建的迷你图，如图 4-59 所示。

图 4-58 "创建迷你图"对话框

	A	B	C	D	E	F	G	H
1				上半年产品销售统计表				
2	产品名称	一月份	二月份	三月份	四月份	五月份	六月份	合计
3	沐浴液	890555	875266	901233	890446	789944	875266	5222710
4	洗面奶	567777	492233	625678	326667	492233	688989	3193577
5	止汗香露	366778	360000	395654	436577	452222	634688	2645919
6	防晒霜	256778	247888	225767	377888	429444	608823	2146588
7	面膜	346222	305333	325667	345673	305333	356888	1985116
8	护肤霜	236889	236689	134598	345466	345266	235656	1534564
9	爽肤水	183660	163030	200664	288944	163030	297773	1297101
10	遮瑕霜	173690	153030	214567	245671	251155	153030	1191143
11								
12	迷你图							

图 4-59 创建迷你图的结果

（2）保持选中 B12：H12 单元格区域，在"迷你图工具｜设计"选项卡的"显示"组中单击"标记"复选框，结果如图 4-60 所示。

（3）在"迷你图工具｜设计"选项卡的"样式"组中选中如图 4-61 所示的选项，编辑后迷你图样式结果如图 4-62 所示。

	A	B	C	D	E	F	G	H
1	上半年产品销售统计表							
2	产品名称	一月份	二月份	三月份	四月份	五月份	六月份	合计
3	沐浴液	890555	875266	901233	890446	789944	875266	5222710
4	洗面奶	567777	492233	625678	326667	492233	688989	3193577
5	止汗香露	366778	360000	395654	436577	452222	634688	2645919
6	防晒霜	256778	247888	225767	377888	429444	608823	2146588
7	面膜	346222	305333	325667	345673	305333	356888	1985116
8	护肤霜	236889	236689	134598	345466	345266	235656	1534564
9	爽肤水	183660	163030	200664	288944	163030	297773	1297101
10	遮瑕霜	173690	153030	214567	245671	251155	153030	1191143
11								
12	迷你图							

图 4-60　显示标记

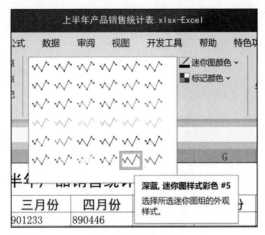

图 4-61　修改样式

	A	B	C	D	E	F	G	H
1	上半年产品销售统计表							
2	产品名称	一月份	二月份	三月份	四月份	五月份	六月份	合计
3	沐浴液	890555	875266	901233	890446	789944	875266	5222710
4	洗面奶	567777	492233	625678	326667	492233	688989	3193577
5	止汗香露	366778	360000	395654	436577	452222	634688	2645919
6	防晒霜	256778	247888	225767	377888	429444	608823	2146588
7	面膜	346222	305333	325667	345673	305333	356888	1985116
8	护肤霜	236889	236689	134598	345466	345266	235656	1534564
9	爽肤水	183660	163030	200664	288944	163030	297773	1297101
10	遮瑕霜	173690	153030	214567	245671	251155	153030	1191143
11								
12	迷你图							

图 4-62　修改样式后迷你图

（4）创建图表。选中 B2：G10 单元格区域，在"插入"选项卡的"图表"组中单击"推荐的图表"按钮，在弹出的"插入图表"对话框中选中"所有图表"选项，在"所有图表"中选中"柱状图"中的"三维簇状柱形图"，单击"确定"按钮，如图 4-63 所示，生成的图表如图 4-64 所

示。选中生成的图表,激活"图表工具 | 设计"和"图表工具 | 格式"选项卡。

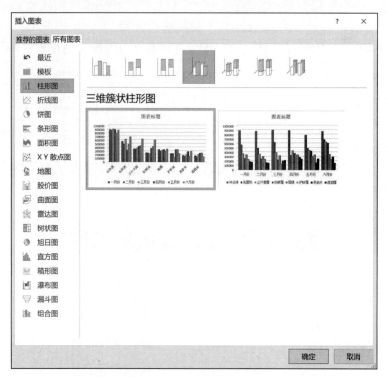

图 4-63 "插入图表"对话框

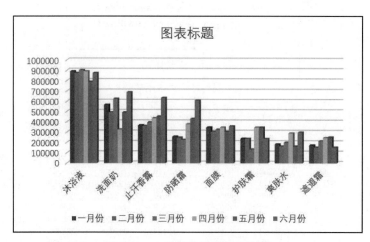

图 4-64 上半年产品销售统计图

(5) 编辑图表。在图表的空白区域单击,按住鼠标左键并将图标拖到 Excel 表中空白位置。单击图表中"图表标题"文本框,删除"图表标题"文本,重新输入文本"上半年产品销售统计表",在"开始"选项卡的"字体"组中设置字体为"黑体",颜色为红色,字体样式为"加粗""倾斜",大小为"20",如图 4-65 所示。

(6) 在"图表工具 | 设计"选项卡的"图表布局"组中单击"添加图表元素"按钮,在弹出的下拉菜单中选中"数据表"|"显示图例项标示"选项,如图 4-66 所示,结果如图 4-67 所示。

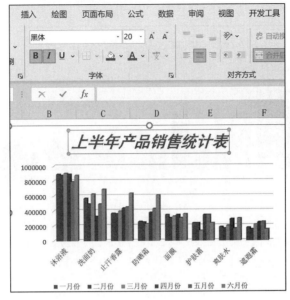

图 4-65 调整字体格式

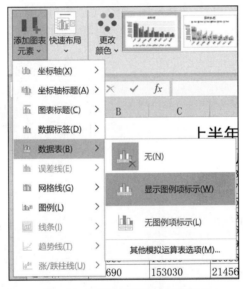

图 4-66 "显示图例项标示"按钮

(7) 右击纵坐标,在弹出的快捷菜单中选中"设置坐标轴格式"选项,如图 4-68 所示。在如图 4-69 所示的"设置坐标轴格式"窗格中,将"坐标轴选项"的"显示单位"设置为"百万",结果如图 4-70 所示。在"设置坐标轴格式"窗格中,选中"数字"中的"类别"下拉列表框中的"会计专用","小数位数"设置为"2",结果如图 4-71 所示。

(8) 右击纵坐标,在弹出的快捷菜单中选中"字体"选项,在弹出的"字体"对话框中设置字体样式为"加粗",大小为"12",如图 4-72 所示。单击"确定"按钮,结果如图 4-73 所示。使用同样的方法设置图表最下方的月份字体格式。

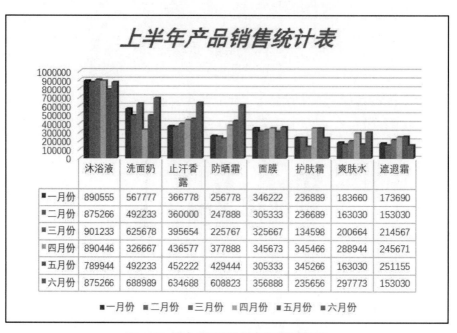

图 4-67 添加"显示图例项标示"的结果

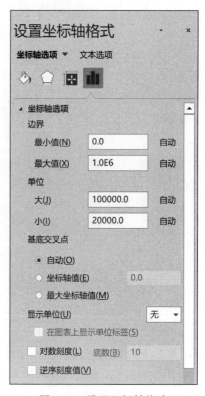

图 4-68 "设置坐标轴格式"的设置　　图 4-69 设置坐标轴格式

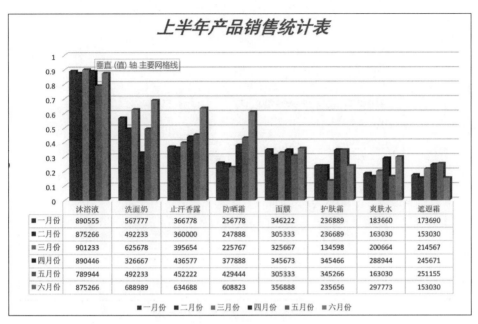

图 4-70 设置单位为"百万"的结果

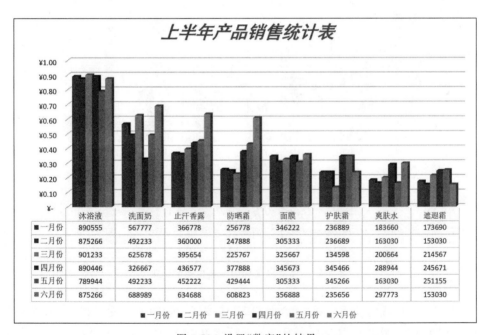

图 4-71 设置"数字"的结果

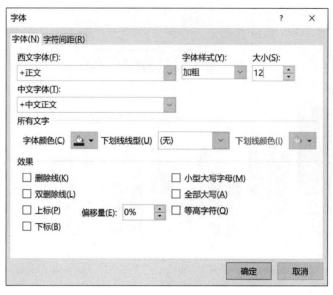

图 4-72 "字体"对话框

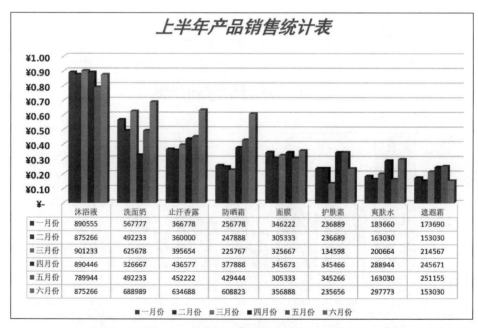

图 4-73 设置纵坐标的字体格式的结果

（9）设置绘图区域的性质。单击"六月份"的绘图区，在"图表工具｜格式"选项卡的"形式样式"组中单击"形状填充"按钮，在弹出的下拉菜单中选中"红色"选项，修改"六月份"绘图区形状颜色，如图 4-74 所示。

（10）更改图表类型。在"图表格式｜设计"选项卡的"类型"组中单击"更改图表类型"按钮，弹出"更改图表类型"对话框，在"所有图表"选项卡中选中"柱形图"，在右侧界面中选中"簇状柱形图"，如图 4-75 所示。单击"确定"按钮，结果如图 4-76 所示。

• 116 •

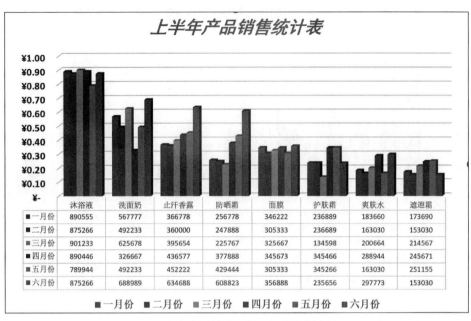

图 4-74　修改"六月份"绘图区域颜色的结果

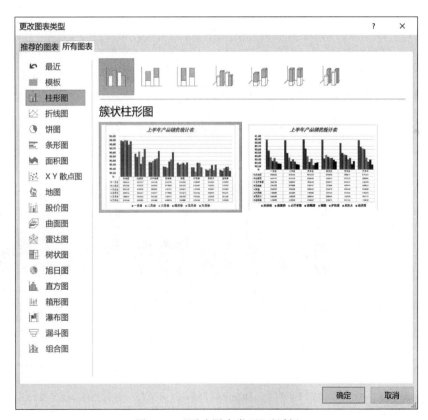

图 4-75　"更改图表类型"对话框

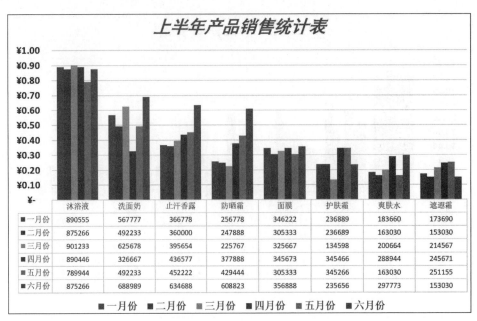

图 4-76 "簇状柱形图"

（11）添加趋势线。在"图表格式｜设计"选项卡的"类型"组中单击"更改图表类型"按钮，在弹出的"更改图表类型"对话框中将横坐标修改为月份，如图 4-77 所示。选中图区，在"图表格式｜设计"选项卡的"图表布局"组中单击"添加图表元素"按钮，在弹出的菜单中选中"趋势线"｜"线性"选项，如图 4-78 所示。在弹出的"添加趋势线"对话框中选中"沐浴液"，如图 4-79 所示，单击"确定"按钮，结果如图 4-80 所示。

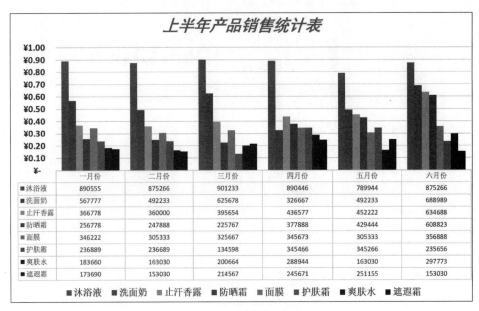

图 4-77 修改横坐标

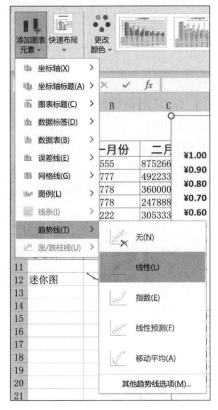

图 4-78 添加趋势线

图 4-79 "添加趋势线"对话框

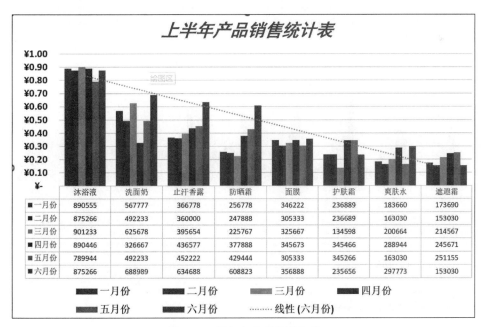

图 4-80 添加六月份的趋势线

（12）设置趋势线格式。右击添加的趋势线，在弹出的快捷菜单中选中"设置趋势线格式"选项，如图 4-81 所示。在弹出的"设置趋势线格式"任务窗格的"趋势线选项"栏中单击"趋势线名称"下方的"自定义"按钮，在其右侧文本框中输入"沐浴液趋势线"，如图 4-82 所示。返回工作表，结果如图 4-83 所示。

图 4-81　设置趋势线格式

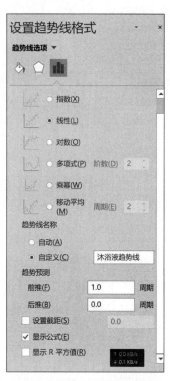

图 4-82　设置"沐浴液"趋势线

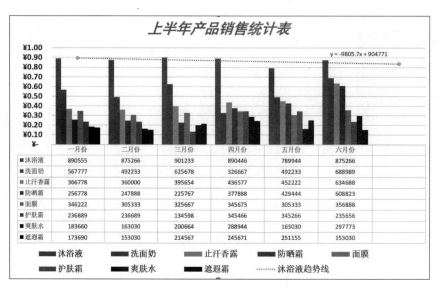

图 4-83　"沐浴液"趋势线与预测

4.10 绘制质量分析图表

【实验目的】

(1) 掌握迷你图分析数、创建图表、编辑于美化图表。
(2) 掌握在图表中添加趋势线预测销售数据等操作。

【知识储备】

了解迷你图的创建,了解图表的创建与美化;了解趋势线的创建。

【实验任务】

(1) 打开"质量分析表"工作簿。
(2) 在 B11 单元格中输入"迷你图",在 C11:E11 单元格中插入迷你图,形状为"柱形图"。
(3) 创建质量分析的图表,编辑并美化图表。
(4) 添加趋势线,预测未来值。

第 5 章 用计算机处理演示文稿

目前,演示文稿已成为人们工作交流的重要途径。它集文字、图形、图像、声音、视频等多媒体元素于一体,把要表达的信息组织起来,进行集中展示。PowerPoint 是一款非常流行的演示文稿处理软件。经过多年的开发和版本的更新,PowerPoint 的功能更加强大,不仅可以在投影仪或者计算机上演示文稿,也可以将其打印出来或制作成胶片;不仅可以创建演示文稿,还可以在互联网上给观众展示。

5.1 制作"校园环境保护"演示文稿

【实验目的】

(1) 掌握演示文稿的创建、保存方法。
(2) 掌握幻灯片版式的设置。
(3) 掌握幻灯片文字的输入及编辑方法。
(4) 掌握演示文稿应用设计主题的方法。
(5) 掌握为演示文稿对象添加动画效果的方法。
(6) 掌握幻灯片切换方式的设置。

【知识储备】

(1) 演示文稿的新建、放映以及保存。
(2) 幻灯片的版式。
(3) 在幻灯片中使用占位符插入文字。
(4) 为幻灯片中对象添加动画。
(5) 幻灯片的切换。
(6) 演示文稿应用设计主题。

【实验任务】

1) 任务描述

创建一个主题为"校园环境保护"的演示文稿,共 3 张幻灯片,具体要求如下。
(1) 第 1 张幻灯片为"标题幻灯片"版式,副标题输入个人基本信息(班级、姓名)。
(2) 第 2 张幻灯片为"标题和内容"版式。
(3) 第 3 张幻灯片为"空白"版式,文字部分为艺术字,且文字有退出型动画效果。
(4) 任选一种主题应用到演示文稿。
(5) 设置所有幻灯片切换方式为"垂直百叶窗"样式,幻灯片自动播放 3 秒后跳到下一张幻灯片。

(6)将演示文稿保存到本地磁盘,文件名为"校园环境保护.pptx"。

2)任务实现

(1)启动 PowerPoint 2019。在"开始"菜单中选中 PowerPoint 2019 选项,启动 PowerPoint 2019,进入 PowerPoint 工作界面,如图 5-1 所示。

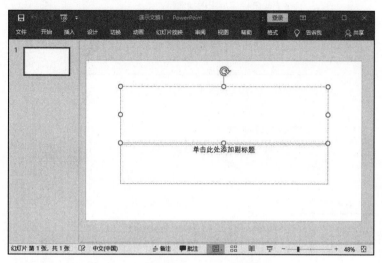

图 5-1   PowerPoint 2019 的主界面

(2)默认已新建一张幻灯片,为"标题幻灯片"版式,单击"标题"占位符,输入"保护环境 美化校园",单击"副标题"占位符,输入自己的基本信息,例如输入"三六班 李玉",如图 5-2 所示。

图 5-2   第一张幻灯片

(3)在"插入"选项卡的"幻灯片"组中单击"新建幻灯片"按钮,新建了一张幻灯片,默认版式为"标题和内容",在标题和内容处分别输入相关内容,如图 5-3 所示。

(4)在"插入"选项卡的"幻灯片"组中单击"新建幻灯片"按钮,插入第 3 张幻灯片,将其更改为"空白"版式,如图 5-4 所示。在"插入"选项卡的"文本"组中单击"艺术字"按钮,从下拉选项中选中第 1 行第 3 个艺术字样式,在幻灯片中插入艺术字,如图 5-5 所示。

选中该艺术字,在"动画"选项卡"动画"组中选中"更多退出效果"选项,设置艺术字退出效果为"玩具风车",如图 5-6 所示。

(5)在"设计"选项卡的"主题"组中选中"环保"主题,如图 5-7 所示。即将该设计模板

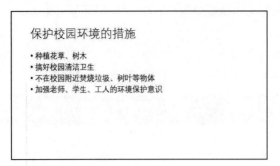

图 5-3　第 2 张幻灯片

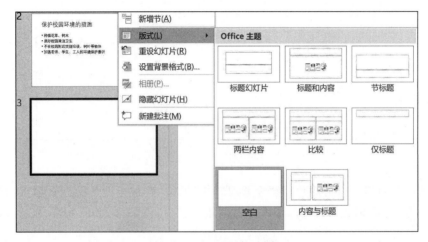

图 5-4　设置"空白"版式

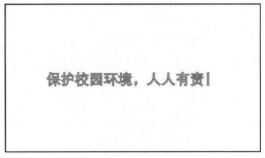

图 5-5　插入艺术字

应用到了整个演示文稿,效果如图 5-8 所示。

(6) 在"切换"选项卡的"切换到此幻灯片"组选中"百叶窗"切换方式,并选中"应用到全部"选项,设置自动换片时间为 3 秒,如图 5-9 所示。

(7) 在"幻灯片放映"选项卡的"开始放映幻灯片"组中单击"从头开始"按钮,放映演示文稿。

(8) 保存该演示文稿,命名为"校园环境保护.pptx"。

图 5-6 设置艺术字的退出效果

图 5-7 设计主题选项卡

图 5-8 应用设计模板

图 5-9　切换方式设置

5.2　制作"培养'四有'新人"演示文稿

【实验目的】

(1) 掌握演示文稿中超链接的设置方法。
(2) 掌握幻灯片背景的设置。

【知识储备】

(1) 演示文稿对象设置超链接。
(2) 幻灯片设置背景。

【实验任务】

1) 任务描述

创建一个主题为"培养'四有'新人"的演示文稿,共 5 张幻灯片,具体要求如下。

(1) 设置第 1 张幻灯片为"标题与内容"版式,标题输入"培养'四有'新人",内容处插入 Smart 图形。

(2) 单击"有理想"超链接,跳转到第 2 张幻灯片,单击"有道德"超链接,跳转到第 3 张幻灯片;单击"有文化"超链接,跳转到第 4 张幻灯片;单击"有纪律"超链接,跳转到第 5 张幻灯片。

(3) 单击第 2~5 张上的返回按钮,可以返回到第 2 张幻灯片。

(4) 最后给 5 张 PPT 设置统一的纯色背景。

(5) 将演示文稿保存到本地磁盘,文件名为"培养'四有'新人.pptx"。

2) 任务实现

(1) 新建 PPT 文件,更改第 1 张幻灯片的版式为"标题和内容",如图 5-10 所示。

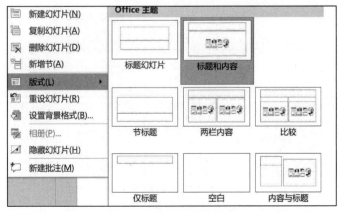

图 5-10　更改幻灯片版式

（2）在第 1 张幻灯片的标题处输入文字内容"培养'四有'新人"，内容处插入 Smart 图形。插入 Smart 图形的方法为，单击内容处的"插入 Smart 图形"占位符，如图 5-11 所示，在"选择 Smart 图形"对话框中选中第一个"基本列表"类型，如图 5-12 所示，单击"确定"按钮，即可在内容处插入 Smart 图形，如图 5-13 所示，删除一个项后，在 4 个文本框中分别输入文字，如图 5-14 所示。

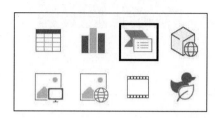

图 5-11　"插入 Smart 图形"占位符

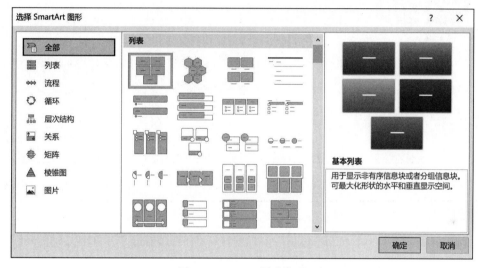

图 5-12　Smart 图形类型

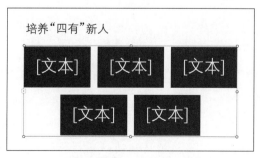

图 5-13　插入"基本列表"效果图

（3）再插入其他 4 张幻灯片，输入相应的文字内容，如图 5-15 所示。
（4）给第 1 张幻灯片的文字"有理想"设置超链接：选中文字"有理想"，在"插入"选项卡的"链接"组中单击"链接"按钮，在弹出的"插入超链接"对话框中选中在本文档中的位置为

图 5-14　插入 Smart 效果图

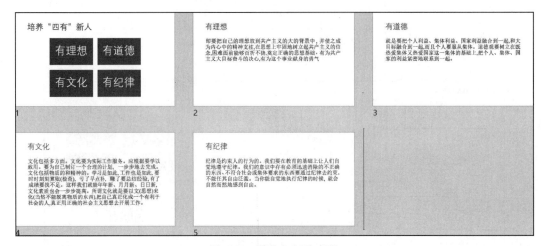

图 5-15　其他幻灯片内容

第 2 张幻灯片,如图 5-16 所示。

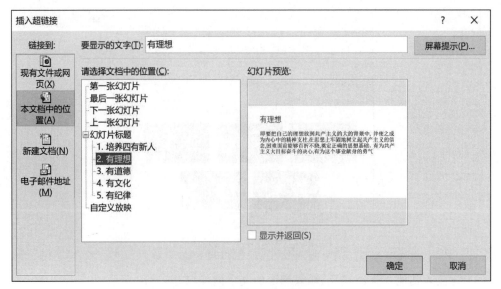

图 5-16　"有理想"超链接设置

(5) 按照同样的方法给第 1 张幻灯片的文字"有道德""有文化""有纪律"分别设置超链接到第 3、4、5 张幻灯片,如图 5-17～图 5-19 所示。这样在幻灯片放映时单击这几个超链接,就可以跳转到对应的页面。

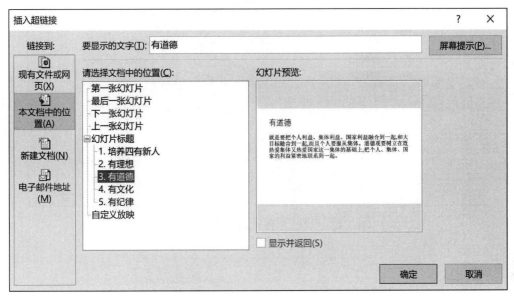

图 5-17 "有道德"超链接的设置

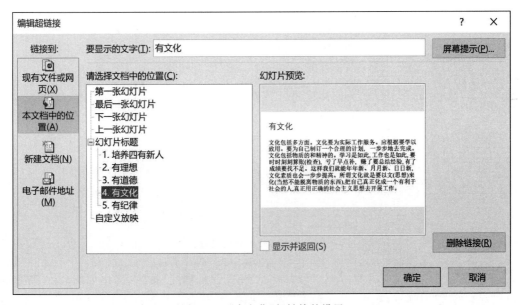

图 5-18 "有文化"超链接的设置

(6) 选中第 2 张幻灯片,在"插入"选项卡的"形状"组中单击"动作"按钮,在下拉菜单中选中"动作按钮"为"转到开始",并超链接到第 1 张幻灯片,如图 5-20 所示。在第 3、4、5 页上也都插入动作按钮,并超链接到第 1 张幻灯片。

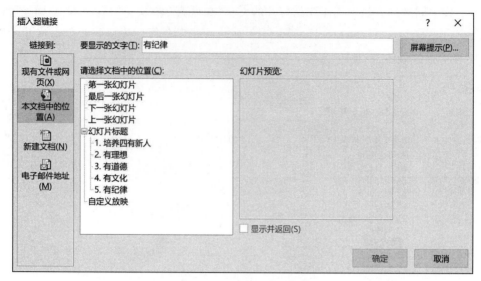

图 5-19 "有纪律"超链接的设置

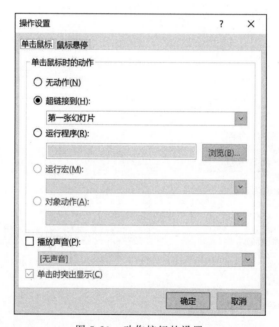

图 5-20 动作按钮的设置

（7）在"设计"选项卡的"自定义"组中单击"设置背景格式"按钮，弹出如图 5-21 所示的"设置背景格式"对话框，选中"纯色填充"单选按钮，再选中喜欢的颜色，单击"全部应用"按钮，效果如图 5-22 所示。

（8）从头开始放映演示文稿。

（9）保存文件。

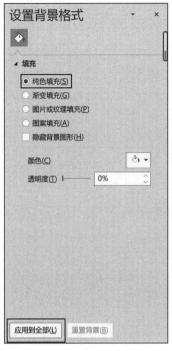

图 5-21 设置背景格式

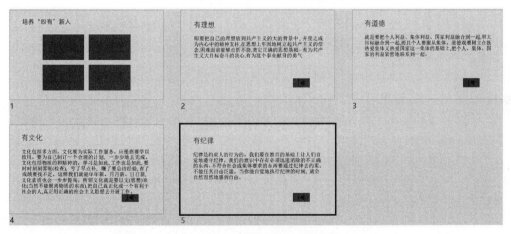

图 5-22 应用背景效果图

5.3 制作"真我风采"演示文稿

【实验目的】

(1) 掌握启动、创建演示文稿的方法。
(2) 掌握演示文稿中文字、图片、表格、艺术字、文本框等对象的插入及编辑方法。
(3) 掌握演示文稿中音频、视频的添加及其编辑方法。

(4) 掌握演示文稿背景的填充方法。

(5) 掌握演示文稿中超级链接的设置方法。

(6) 掌握演示文稿中动画效果的自定义。

【知识储备】

(1) 演示文稿的新建、放映以及保存操作。

(2) 幻灯片的版式。

(3) 在幻灯片中插入图形、图片、表格、艺术字、文本框、音频、视频等对象。

【实验任务】

任务1　创建"真我风采"演示文稿

1) 任务描述

创建一个名为"真我风采"的演示文稿用于自我介绍,共6张幻灯片,具体要求如下:

(1) 第1张幻灯片版式设为"标题幻灯片",幻灯片的主标题是"自我介绍",副标题是"自己的名字"。将第1张幻灯片的主标题设置为"分散对齐",字体为"华文彩云",大小为"54磅",副标题的大小为"40磅"。

(2) 第2张幻灯片版式为"竖排标题与文本",幻灯片的标题是"这就是我",文本的内容如下:

- 个人基本信息
- 我的学习
- 我的爱好
- 个人获奖经历

(3) 第3张幻灯片版式为"标题和内容",标题为"个人基本信息",内容处插入姓名、性别、民族、出生年月、籍贯等信息。

(4) 第4张幻灯片的版式为"标题和内容",标题为"我的学习",内容处插入一个5行2列的表格,表格中输入语文、数学、英语、计算机课程的成绩(表格的内容可自己随意输入)。

(5) 第5张幻灯片的版式为"空白",插入图片"爱好.jpg",作为幻灯片背景;插入艺术字"我喜欢书法、打乒乓球、听歌",采用"艺术字库"中第1行第2列的样式,大小为"40磅",给幻灯片添加声音"相信自己.mp3"。

(6) 第6张幻灯片的版式为"图片与标题",在图片处插入图片"获奖经历.jpg",标题处插入标题"个人获奖经历",44磅;删除文本部分。

(7) 保存演示文稿,文稿名称为"真我风采.pptx"。

2) 任务实现

(1) 启动 PowerPoint 2019。在"开始"菜单中选中 PowerPoint 2019 选项,启动 PowerPoint 2019。

(2) 演示文稿默认已新建一张幻灯片为"标题幻灯片"版式,单击"标题"占位符,输入"自我介绍",单击"副标题"占位符,输入自己的名字,例如输入"王兰"。将标题的格式设置为"分散"对齐,字体为"华文彩云",大小为"54磅",副标题设置为大小"40磅",如图5-23所示。

(3) 在"开始"选项卡的"幻灯片"组中单击"新建幻灯片"按钮,插入一张新幻灯片,在左

图 5-23　第 1 张幻灯片

侧幻灯片窗格选中第 2 张幻灯片并右击,在弹出的快捷菜单中选中"版式"|"竖排标题与文本"选项。在幻灯片的标题和文本中分别按题目要求输入相应的文本,如图 5-24 所示。

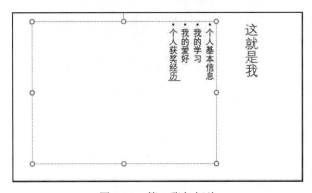

图 5-24　第 2 张幻灯片

(4) 按照步骤(3)的方法插入第 3 张幻灯片,并将版式改为"标题和内容",在标题和内容处分别按题目要求输入相应的文字内容,如图 5-25 所示。

图 5-25　第 3 张幻灯片

(5) 插入第 4 张幻灯片,在标题处输入"我的学习",在内容处单击"插入表格"按钮,如图 5-26 所示;在"插入表格"对话框中设置行数为 5,列数为 2,如图 5-27 所示。单击"确定"按钮,插入一个 5 行 2 列的表格,在表格中输入文字内容,如图 5-28 所示。

(6) 插入第 5 张幻灯片,并将其版式设置为"空白",选中该幻灯片并右击,在弹出的快捷菜单中选中"设置背景格式"选项,在"设置背景格式"窗格中的填充栏选中"图片或纹理填

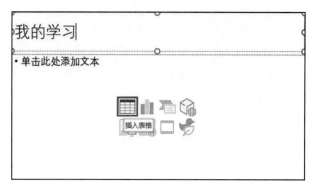

图 5-26 "插入表格"按钮

图 5-27 "插入表格"对话框

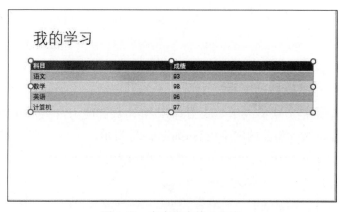

图 5-28 在表格中输入文字

充"单选按钮。在"图片源"栏单击"插入"按钮,在"插入图片"对话框中选中"来自文件"选项,如图 5-29 所示。找到图片"爱好.jpg"后插入,如图 5-30 所示。

图 5-29 "插入图片"对话框

图 5-30　设置背景后的幻灯片

（7）选中第 5 张幻灯片上，在"插入"选项卡的"文本"组中单击"艺术字"按钮，从弹出的下拉菜单中选中"艺术字库"中第 1 行第 2 列的样式，并设置大小为"40 磅"，如图 5-31 所示。

图 5-31　插入艺术字

（8）在"插入"选项卡的"媒体"组中单击"音频"按钮，从弹出的下拉菜单中选中"PC 上的音频"选项，从弹出的"插入音频"对话框中选中"相信自己.mp3"文件，会看到在幻灯片的中间出现了一个音频播放的小喇叭图标，如图 5-32 所示。

图 5-32　插入音频

（9）插入第 6 张幻灯片，设置其版式为"图片与标题"，单击图片占位符，选中图片"获奖经历.jpg"插入该张幻灯片中。在标题占位符处插入标题"个人获奖经历"，大小为"44 磅"；选中文本占位符，将其删除。第 6 张幻灯片如图 5-33 所示。

（10）观察放映效果。

（11）保存该演示文稿，命名为"自我介绍.pptx"。

任务 2　美化"真我风采"演示文稿

1）任务描述

将任务 1 中制作的"真我风采"演示文稿进行下面的美化操作。

图 5-33 插入图片

(1) 将 6 张幻灯片都应用主题"平面"。

(2) 加链接,效果为,单击第 2 张幻灯片中的"个人基本信息",跳转到第 3 张幻灯片;单击第 2 张幻灯片中的"我的学习",跳转到第 4 张幻灯片;单击第 2 张幻灯片中的"我的爱好",跳转到第 5 张幻灯片;单击第 2 张幻灯片中的"个人获奖经历",则跳转到第 6 张幻灯片。

(3) 为第 3~6 张幻灯片都插入一个可以跳转到第 2 张幻灯片的动作按钮。

(4) 第 1 张幻灯片标题处设置动画"左侧飞入",速度为中速,声音为"风铃",在副标题处设置动画效果"缩放",时间设置为"从上一项之后开始",所有幻灯片切换方式为"水平百叶窗"。

(5) 为每张幻灯片都插入日期(要求日期可以自动更新)和幻灯片编号,页脚的内容为"真我风采",且日期、页脚、幻灯片编号的字体为"微软雅黑",大小为"11 磅",颜色为浅绿色。

2) 任务实现

(1) 在"设计"选项卡的"主题"组中选中"平面"设计模板,即将该设计模板应用到了整个演示文稿,效果如图 5-34 所示。

图 5-34 应用设计模板

(2) 在第 2 张幻灯片上选中文字"个人基本信息",在"插入"选项卡的"链接"组中单击"链接"按钮,在弹出的"插入超链接"对话框中,选择链接到"本文档中的位置",文档中的位置选择"个人基本信息",即第 3 张幻灯片,在右侧的幻灯片预览中可以看到链接到的是第 3 张幻灯片,如图 5-35 所示。同样的方法,可以设置其他文字的超链接,如图 5-36~图 5-38 所示。

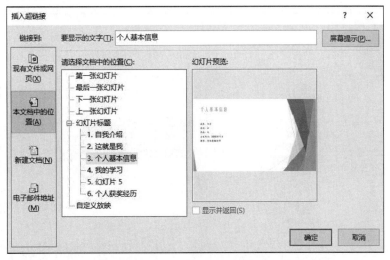

图 5-35 "个人基本信息"链接

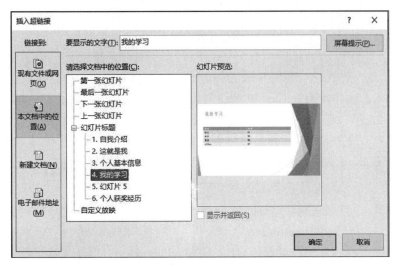

图 5-36 "我的学习"链接

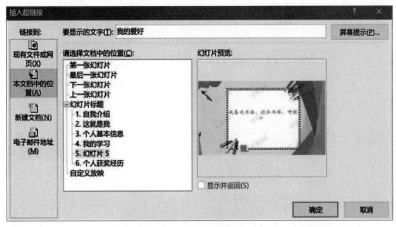

图 5-37 "我的爱好"链接

图 5-38 "个人获奖经历"链接

(3) 选中第 3 张幻灯片,在"插入"选项卡的"插图"组中单击"形状"按钮,在弹出的下拉菜单中选中"动作按钮"栏的最后一个"空白"按钮,在幻灯片上拖动鼠标绘制动作按钮的同时弹出"操作设置"的对话框,如图 5-39 所示。在"单击鼠标"选项卡中设置超链接到上一张幻灯片。在插入的动作按钮上右击,在弹出的快捷菜单中选中"编辑文字"选项,在动作按钮上输入"转到第二张",第 1 个动作按钮设置完成,如图 5-40 所示。选中该动作按钮,复制粘贴到第 4 张幻灯片中并右击,从弹出的快捷菜单中选中"编辑链接"选项,设置如图 5-41 所示。按照同样方法,继续制作第 5、6 张幻灯片上的动作按钮,设置如图 5-41 所示。

图 5-39 动作设置

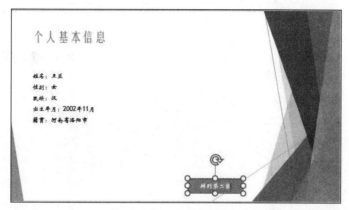

图 5-40　编辑动作按钮上的文字

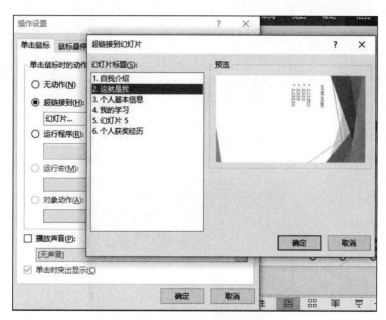

图 5-41　设置动作按钮的超链接

（4）选中第 1 张幻灯片的标题，在"动画"选项卡的"动画"组中选中"动画样式"为"进入"项里的"飞入"，如图 5-42 所示。在"效果选项"中选中"自左侧"，如图 5-43 所示。在"动画"选项卡的"高级动画"组中单击"动画窗格"按钮，会在窗口的最右侧出现动画窗格，在其中找到设置的动画效果，在该动画效果上右击，在弹出的快捷菜单中选中"效果选项"选项，如图 5-44 所示。在"飞入"对话框的"效果"选项卡中设置声音为"风铃"，如图 5-45 所示。在"计时"选项卡的"期间"项中设置"中速"，如图 5-46 所示。按照同样的方法设置副标题的动画效果为"缩放"，在动画窗格中设置时间为"从上一项之后开始"。

（5）在"切换"选项卡的"切换到此幻灯片"组中选择切换效果为"百叶窗"，如图 5-47 所示。单击"效果选项"按钮，在弹出的下拉菜单中选中"水平"选项，单击"应用到全部"按钮，如图 5-48 所示。

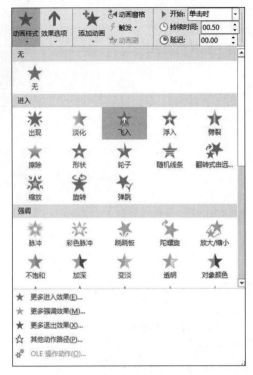

图 5-42 "动画样式"选项

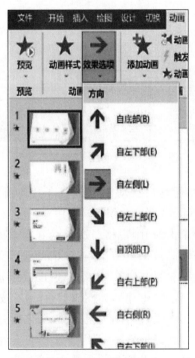

图 5-43 动画效果选项

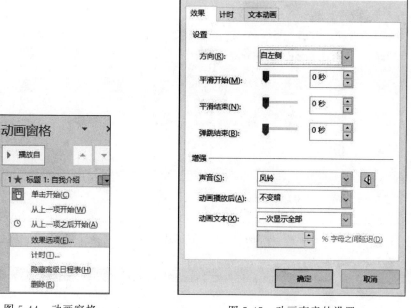

图 5-44 动画窗格　　　　　　图 5-45 动画声音的设置

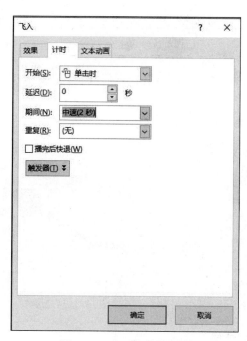

图 5-46 动画速度的设置

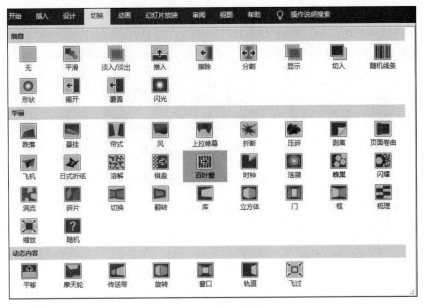

图 5-47 "切换"选项卡

图 5-48 切换选项设置

（6）在"插入"选项卡的"文本"组中单击"页眉和页脚"按钮,设置如图 5-49 所示。然后单击"全部应用"按钮。

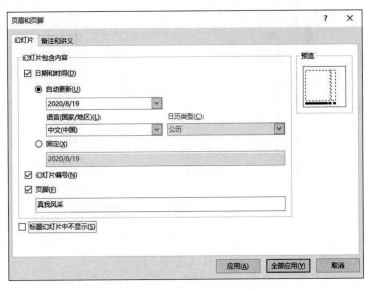

图 5-49 "页眉和页脚"对话框

(7) 选中第 1 张幻灯片,在"视图"选项卡的"母版视图"组中单击"幻灯片母版",在左侧出现的各种幻灯片母版中,选中"平面 幻灯片母版:由幻灯片 1-6 使用",然后同时选中母版中的日期和时间、页脚、幻灯片编号项,统一设置其字体为"微软雅黑",大小为"11 磅",颜色为浅绿色,如图 5-50 所示。

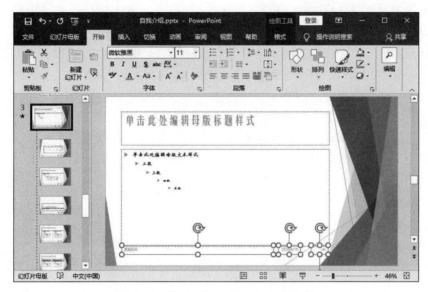

图 5-50 使用母版设置页眉、页脚格式

所有设置完成后,最终效果如图 5-51 所示。

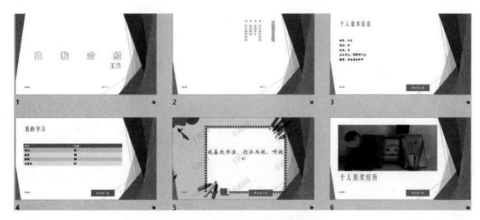

图 5-51 演示文稿最终效果图

(8) 放映演示文稿。
(9) 保存文件。

5.4 制作"爱心志愿"演示文稿

林心雨是学校"志愿者协会"的一名干事,负责向新生宣传志愿者相关知识并介绍本校"志愿者协会"的活动情况,鼓励更多的新生都来参与到志愿者活动中。为了配合宣传,需要

用 PowerPoint 2019 制作一个演示文稿能更加清楚、形象地进行介绍,请以林心雨的身份制作一份演示文稿,为了提高宣传效果,该演示文稿制作要求如下。

(1) 演示文稿不少于 5 张幻灯片。

(2) 每张幻灯片均要求有文字(至少一张有艺术字),内容要相互连贯并与主题相关。

(3) 为演示文稿设计封面页、目录页和封底。

(4) 封面页(第 1 张幻灯片)是"标题幻灯片",其中副标题是制作人的姓名。

(5) 其他幻灯片中包含与主题相关的 SmartArt 图形、图表、图片、表格、音频等多媒体对象,并且这些对象要通过"自定义动画"进行设置。

(6) 为目录页的内容添加超链接。

(7) 除"标题幻灯片"之外,每张幻灯片上都要显示页码。

(8) 所有幻灯片设置统一的切换效果(切换效果任选),每 5 秒自动换页。

(9) 对演示文稿进行设置。

(10) 保存文件,命名为"爱心志愿.pptx"。

第 6 章 计算机网络基础与应用

计算机网络是以能够相互共享资源的方式连接起来,各自具备独立功能的计算机系统的集合。它通过利用计算机技术与通信技术相融合来实现信息传送,进而达到资源共享和信息交换的目的。目前,计算机网络已被应用到现代化的企业管理、信息服务业、5G、人工智能、云计算和大数据等领域。从日常生活到办公学习都离不开计算机网络技术,因此可以毫不夸张地说,计算机网络在当今世界已无处不在。

本章以 Windows 10 为例,介绍了网络配置的查看与连通测试、共享打印机、Microsoft Edge 浏览器的设置与使用、搜索引擎的使用以及 FTP 服务器的使用。

6.1 网络配置的查看与连通测试

【实验目的】

(1) 了解 Internet 基础知识。
(2) 了解 TCP/IP、IP 地址和域名系统。
(3) 掌握在 Windows 10 中如何利用 ipconfig 网络命令查看 TCP/IP 网络配置信息的方法。
(4) 掌握在 Windows 10 中如何利用 ping 网络命令对网络连通测试的方法。

【知识储备】

学习互联网的基础知识,掌握互联网的 TCP/IP、IP 地址等知识。Windows 操作系统中提供了如下网络命令来实现 TCP/IP 网络配置信息的查看与网络连通测试。

(1) ipconfig。用于查看当前计算机的网络配置信息。命令格式如下:

```
ipconfig/options
```

其中,常见的 options 选项如下。

/?:显示帮助信息。
/all:显示全部配置信息。
/release:释放指定网络适配器的 IP 地址。
/renew:刷新指定网络适配器的 IP 地址。
/flushdns:清除本地 DNS 解析缓存内容。
/displaydns:显示本地 DNS 解析缓存内容。

(2) ping。用于测试计算机之间的网络连通性,它是网络配置中常用的网络命令。命令格式如下:

```
ping 主机名/域名/IP 地址
```

其中，常用的参数选项如下。

ping -t IP：连续对 IP 地址执行 ping 命令，直到被用户按 Ctrl+C 组合键中断。

ping -l 2000 IP：指定 ping 命令中数据长度为 2000B，而不是默认的 32B。

ping -n IP：执行特定次数的 ping 命令。

ping -f IP：强行不让数据包分片。

ping -a IP：将主机名解析为 IP 地址。

一般情况下，用户可以通过执行一系列 ping 命令来查找问题出在何处。典型的检测次序及对应的可能故障如下。

① ping 127.0.0.1。如果测试不成功，表示网卡、TCP/IP 的安装、IP 地址、子网掩码的设置正常；如果测试不成功，表示 TCP/IP 的安装或运行存在某些最基本的问题。

② ping 本机 IP。如果测试成功，则表示本地配置或安装存在问题，应当对网络设备和通信介质进行测试、检查并排除。

③ ping 局域网内其他 IP。如果测试成功，表明本地网络中的网卡和载体运行正确；但如果收到 0 个回送应答，那么表示子网掩码不正确、网卡配置错误或电缆系统有问题。

④ ping 网关 IP。这个命令如果应答正确，表示局域网中的网关路由器正在运行并能够作出应答。

⑤ ping 远程 IP。如果收到 4 个应答，表示成功地使用了默认的网关。对于拨号上网用户则表示能够成功地访问 Internet。

⑥ ping localhost。localhost 是操作系统的网络保留名，它是 127.0.0.1 的别名，每台计算机都应该能够将该名字转换成该地址。如果没有做到这点，则表示主机文件(/Windows/host)中存在问题。

⑦ ping www.baidu.com。对此域名执行 ping 命令，计算机必须先将域名转换成 IP 地址，通常是通过 DNS 服务器。如果这里出现故障，则表示本机 DNS 服务器的 IP 地址配置不正确或 DNS 服务器有故障。

如果上面所列出的 7 个 ping 命令都能正常运行，那就表示计算机可以进行本地和远程通信，但是这些命令的成功并不表示所有的网络配置都没有问题。

【实验任务】

任务 1　查看网络配置

1）任务描述

网络设备中常需要查看本机的相关网络配置，下面介绍如何实现在 Windows 10 系统下利用网络命令查看本机的网络配置情况。

2）任务实现

(1) 按 Windows+R 组合键，弹出"运行"对话框，如图 6-1 所示。

(2) 在"运行"对话框中的"打开"框中输入"cmd"，按 Enter 键或单击"确定"按钮，打开"命令提示符"窗口，如图 6-2 所示。

(3) 在命令行中输入"ipconfig"并按 Enter 键，将会获得 TCP/IP 网络配置参数信息，其中包括 IP 地址、子网掩码、默认网关和 MAC 地址等信息，如图 6-3 所示。

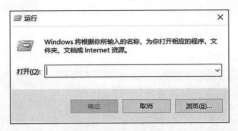

图 6-1 "运行"对话框

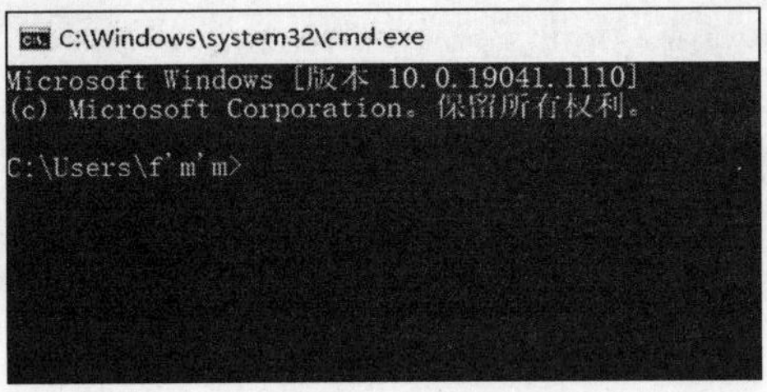

图 6-2 "命令提示符"窗口

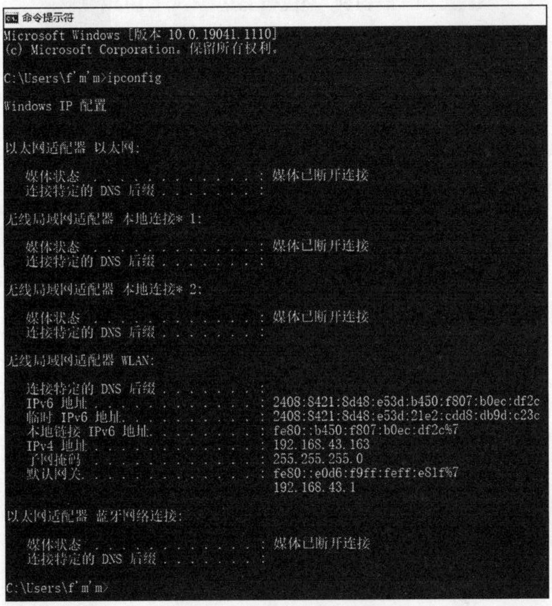

图 6-3 网络配置信息

任务 2　网络连通测试

1）任务描述

Windows 10 系统下如何利用 ping 网络命令进行网络连通测试。

2）任务实现

按 Windows+R 组合键,弹出"运行"对话框,在"打开"框中输入"cmd"并按 Enter 键,打开"命令提示符"窗口,在命令行中输入"ping 192.168.43.163"并按 Enter 键,若出现如

图 6-4 所示的信息,则表示网络连通,否则表示本地配置或安装存在问题,应当对网络设备和通信介质进行测试、检查并排除。

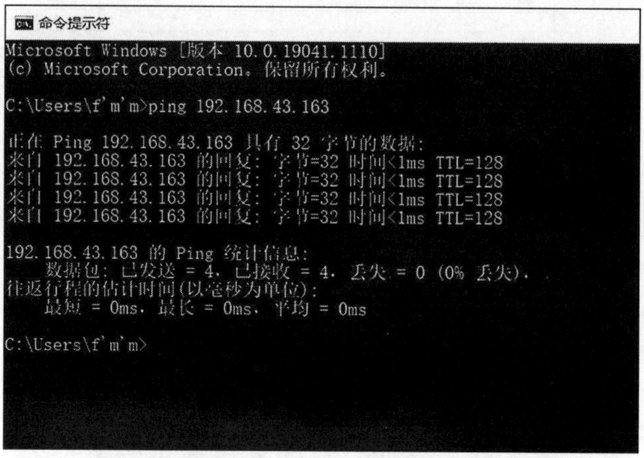

图 6-4 网络连通测试

6.2 局域网内共享打印机

【实验目的】

(1) 了解局域网的基本概念。
(2) 掌握 Windows 10 系统下如何实现局域网内打印机的共享。

【知识储备】

"资源"是指网络中所有的软件、硬件和数据资源。"共享"指的是网络中的用户都能够部分或全部地享受这些资源。资源共享是多个用户共用计算机系统中的硬件和软件资源,同时它还是计算机网络实现的主要目标之一。通过资源共享,不仅体现互帮互助精神,还可以大大提高系统资源的利用率。

【实验任务】

共享打印机。

1)任务描述

在 Windows 10 系统下实现局域网内打印机的共享。

2)任务实现

(1) 首先,计算机 A 先安装对应打印机型号的驱动器,保证计算机 A 可以正常打印。接着,选中"开始"菜单中的"控制面板"选项,打开"控制面板"窗口,选中"网络和 Internet",再选中"网络和共享中心"选项,打开"网络和共享中心"窗口,选中左侧"更改高级共享设置",打开"高级共享设置"窗口,选中"启用网络发现"和"启用文件和打印机共享"单选按钮,单击"保存更改"按钮,如图 6-5 所示。

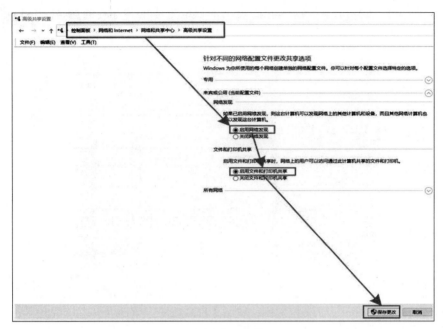

图 6-5 "更改高级共享设置"窗口

（2）在"开始"菜单中选中"控制面板"选项，打开"控制面板"窗口，选中"硬件和声音"选项中的"设备和打印机"，打开"设备和打印机"窗口，如图 6-6 所示。

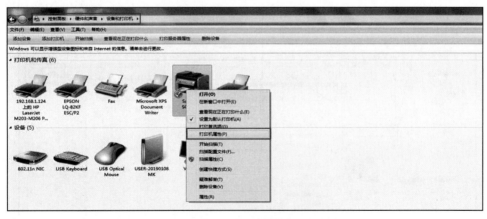

图 6-6 "设备和打印机"窗口

（3）右击需要共享的打印机，在弹出的快捷菜单中选中"打印机属性"选项，弹出打印机属性对话框。在"共享"选项卡中选中"共享本台打印机"单选按钮，单击"确定"按钮，如图 6-7 所示。

（4）在计算机 B 上进行同样的操作，打开"设备和打印机"窗口，选中"添加打印机"选项，在弹出的"添加设备"对话框中单击"我所需的打印机未列出"，弹出"添加打印机"对话框，选中"按名称选择共享打印机"，单击"浏览"按钮，单击连接着打印机的计算机 A，选择目标打印机，单击"选择"按钮，如图 6-8 所示。

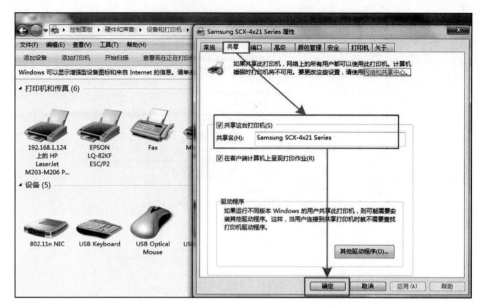

图 6-7 "共享"选项卡

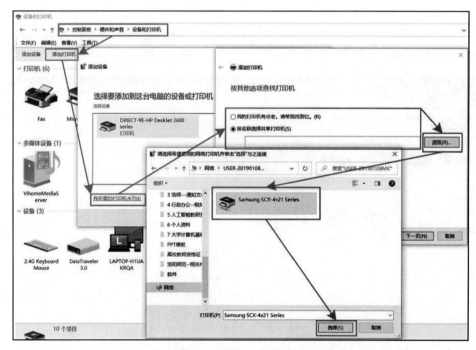

图 6-8 "添加打印机"对话框

（5）单击"下一页"按钮，弹出"打印机"对话框，单击"安装驱动程序"按钮，将计算机 A 上对应的打印机驱动程序进行下载并进行安装，单击"下一页"按钮，单击"打印测试页"按钮，在弹出的"已将测试页发送到打印机"对话框中单击"完成"按钮，如图 6-9 所示。

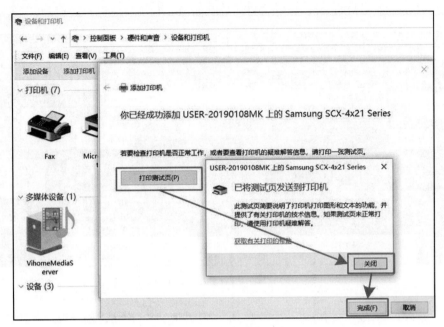

图 6-9　打印测试

6.3　Microsoft Edge 浏览器的使用

【实验目的】

（1）了解 Microsoft Edge 浏览器窗口。
（2）了解 Internet 提供的 WWW 服务。
（3）掌握 Microsoft Edge 浏览器的使用及设置。
（4）掌握 Microsoft Edge 浏览器收藏夹的使用。
（5）掌握 Microsoft Edge 浏览器保存网页和历史记录的使用。

【知识储备】

Microsoft Edge 浏览器的作用是浏览 Internet 的信息，并实现信息交换的功能。Microsoft Edge 浏览器作为 Windows 操作系统集成的浏览器，具有浏览网页、保存网页、使用历史记录和使用收藏夹等多种功能。

【实验任务】

Microsoft Edge 浏览器的设置与使用。
1）任务描述
Microsoft Edge 浏览器的浏览网页、历史记录和收藏夹的使用。
2）任务实现
（1）启动 Microsoft Edge 浏览器。在"开始"菜单中选中 Microsoft Edge 选项，启动

Microsoft Edge，进入 Microsoft Edge 工作界面，如图 6-10 所示。

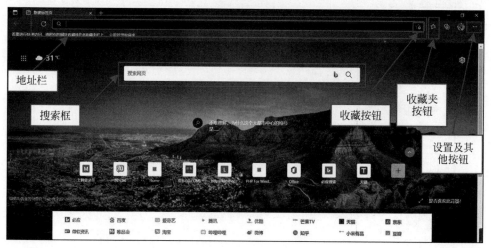

图 6-10 Microsoft Edge 浏览器窗口

（2）浏览网页信息。在 Microsoft Edge 浏览器的"地址栏"中输入网络地址，访问指定的网站。例如，输入"http://www.baidu.com/"，按 Enter 键，打开百度网站，如图 6-11 所示。

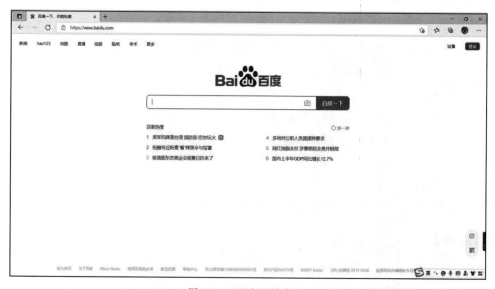

图 6-11 百度网站窗口

（3）保存网页中的资料。在需要保存的图片上右击，在弹出的快捷菜单中选中"将图片另存为"选项，弹出"另存为"对话框，在"地址栏"中选中保存的位置，在"文件名"文本框中输入要保存图片的名称为"花.jpg"，单击"保存"按钮，即将图片保存到计算机中，如图 6-12 所示。

（4）使用历史记录。在 Microsoft Edge 浏览器窗口单击"设置及其他"按钮 ，在打开的下拉列表中选中"历史记录"选项，弹出"历史记录"快捷菜单，显示过去浏览的所有网页的列表，选中一个网页选项，即可在网页浏览窗口中显示该网页的内容，如图 6-13 所示。

（5）使用收藏夹。对于一些需要经常浏览的网页，可将其添加到收藏夹中，以便快速打

图 6-12　保存图片

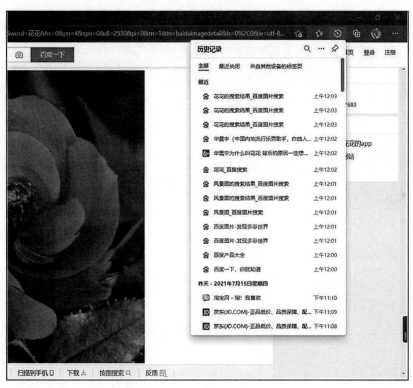

图 6-13　使用历史记录

开。具体的操作步骤是,在地址栏中输入"淘宝"的网址"https://www.taobao.com/",按 Enter 键,打开该网页,在 Microsoft Edge 浏览器窗口单击"收藏夹"按钮,弹出"收藏夹"对话框;单击上方的"添加文件夹"按钮,在添加的文本框输入"购物"文本,修改文件夹名称,如图 6-14(a)所示;接着在地址栏中单击"收藏"按钮,在"保存位置"下拉列表中选中"购物"选项,单击"完成"按钮,如图 6-14(b)所示;再次打开收藏夹时,即可看到多了一个"购物"文件夹,其下有被保存在该文件夹下的"淘宝"网页选项,如图 6-14(c)所示,单击该选项即可打开网页。

(a) 创建文件夹　　　　　(b) 添加到收藏夹　　　　　(c) 收藏后的网页

图 6-14　使用收藏夹

(6) 设置 Microsoft Edge 浏览器主页。在 Microsoft Edge 浏览器窗口,执行"设置及其他"中的"设置"命令,弹出"设置"窗口,在左侧菜单中选中"启动时"选项,选中"打开一个或多个特定页面"单选按钮,单击"添加新页面"按钮,在"输入 URL"文本框中输入网址"http://www.baidu.com/",单击"添加"按钮,如图 6-15 所示。

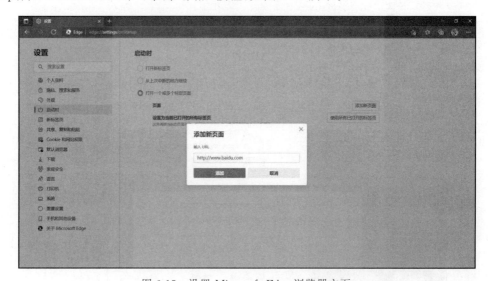

图 6-15　设置 Microsoft Edge 浏览器主页

6.4　搜索引擎的使用

【实验目的】

(1) 了解 Internet 提供的搜索引擎服务。
(2) 掌握搜索引擎的常用的方法、技巧。
(3) 掌握使用搜索引擎在网络上搜索相关信息的方法。

【知识储备】

随着计算机网络的普及,Internet 日益成为信息共享的平台。各种各样的信息布满整个网络，既有有用的信息，也有许多垃圾信息。如何快速准确地找到真正需要的信息已变得越来越重要。搜索引擎是一种能帮助用户迅速而全面地找到所需要信息的网上信息检索工具。它以一定的策略在 Internet 中搜集、发现信息，对信息进行理解、提取、组织和处理，并为用户提供检索服务，从而起到信息导航的作用。搜索引擎提供的导航服务已成为 Internet 上非常重要的网络服务。典型的搜索引擎有：百度、Google、360 等。

【实验任务】

搜索引擎常用的方法、技巧。

1）任务描述

学习并掌握常用的几种搜索引擎。

2）任务实现

（1）简单关键字检索。在百度"搜索栏"中输入需要检索的关键字，例如输入"我爱中国"，按 Enter 键，如图 6-16 所示。

图 6-16　简单关键字检索

（2）使用双引号和书名号检索。精确匹配。在百度"搜索栏"中输入需要检索的关键字加上双引号或书名号，比如输入"我爱中国"或《我爱中国》，按 Enter 键，如图 6-17 所示。

（3）使用加号或减号检索。要求搜索结果中同时包含或不含特定查询词。比如在百度"搜索栏"中输入"＋电脑＋电话＋传真"或"我爱你中国-特区"，按 Enter 键，如图 6-18 所示。

（4）使用通配符（＊和?）检索。＊表示匹配的数量不受限制，?表示匹配的字符数要受到限制，主要用在英文搜索引擎中。比如在百度"搜索栏"中输入"computer ＊"或者"comp?ter"，按 Enter 键，如图 6-19 所示。

（5）intitle：标题。把搜索范围限定在网页标题中。比如在百度"搜索栏"中输入

(a) 双引号检索   (b) 书名号检索

图 6-17 使用双引号和书名号检索

(a) 加号检索   (b) 减号检索

图 6-18 使用加号和减号检索

(a) *检索   (b) ?检索

图 6-19 使用通配符检索

"intitle：我爱中国"，按 Enter 键，如图 6-20 所示。

图 6-20　使用"intitle：标题"检索

（6）filetype：文档格式。专业文档检索。例如在百度"搜索栏"中输入"filetype：docx"，按 Enter 键，如图 6-21 所示。

图 6-21　使用"filetype：文档格式"检索

6.5 FTP 服务器的使用

【实验目的】

(1) 了解并理解 FTP 服务器的工作原理。

(2) 掌握从 FTP 站点上传和下载文件的方法。

(3) 掌握 Windows 10 系统下如何搭建 FTP 服务器。

【知识储备】

FTP 是一种常用的网络应用工具，其基本功能是实现计算机间的文件传输。在 FTP 的工作模式中，文件传输可分为上传（upload）和下载（download）两种。"上传"是指用户本地计算机上的文件复制到远程 FTP 服务器上。"下载"则是指用户将从远程 FTP 服务器上复制文件到本地计算机。通常在 Internet 上的用户只能进行下载服务，用户只有在被授权许可的情况下，才能允许执行上传操作。

【实验任务】

FTP 服务器的上传与下载。

1）任务描述

如何在本地搭建 FTP 服务器，并实现上传和下载文件。

2）任务实现

(1) 按 Windows＋R 组合键，弹出"运行"对话框，在"打开"框中输入"optionalfeatures"，如图 6-22 所示。

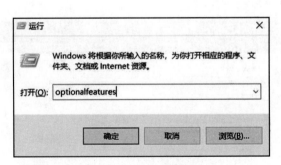

图 6-22 "运行"对话框

(2) 按 Enter 键，或者在"开始"菜单中选中"控制面板"选项，打开"控制面板"窗口，选中"程序"选项中的"启用或关闭 Windows 功能"命令，弹出"Windows 功能"对话框，选中 Internet Information Services（Internet 信息服务）下的全部 4 个复选框，然后单击"确定"按钮安装这些功能，如图 6-23 所示。

(3) 在盘符 E:下的空白处右击，在弹出的快捷菜单中选中"新建"|"新建文件夹"选项，建立一个名为"学习资源"的文件夹，并在该文件夹下放置一些文件，如图 6-24 所示。

(4) 按 Windows＋S 组合键，打开搜索框，输入"IIS"，按 Enter 键，如图 6-25 所示。

图 6-23 "Windows 功能"对话框

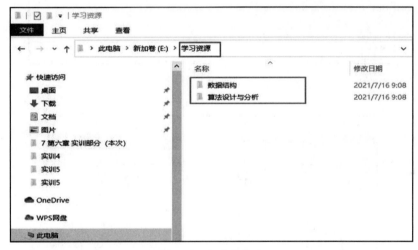

图 6-24 新建文件夹

(5) 选中"Internet Information Services 管理器"(IIS 管理器)选项,打开"IIS 管理器"窗口,展开左侧的导航栏,在"网站"上右击,在弹出的快捷菜单中选中"添加 FTP 站点"选项,弹出添加 FTP 站点对话框,如图 6-26 所示。

(6) 在"FTP 站点名称"和"物理路径"文本框中分别输入"Test"和"E://学习资源"(两者均可自定义),如图 6-27 所示。

(7) 单击"下一步"按钮,弹出"绑定和 SLL 设置"对话框,在"绑定 IP"框中输入本机的 IP 地址(内网和外网地址都是可以的),在"SSL"中,选择"无 SSL"单选按钮,如图 6-28 所示。

(8) 单击"下一步"按钮,在"身份验证"栏中选中"匿名"和"基本"复选框,在"授权"栏中选中"所有用户",在"权限"栏中选中"读取"和"写入"复选框,然后单击"完成"按钮,如图 6-29 所示。

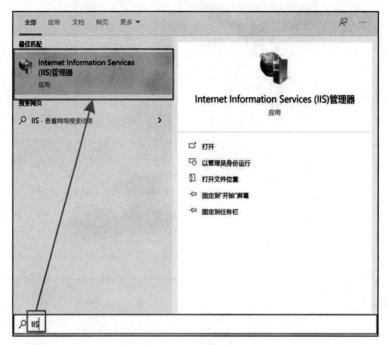

图 6-25 打开搜索框

图 6-26 IIS 管理器窗口

• 160 •

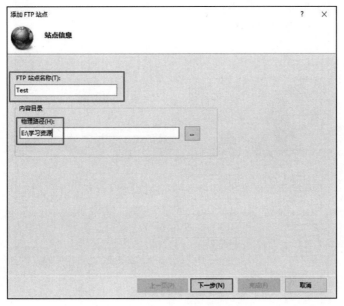

图 6-27 "站点信息"对话框

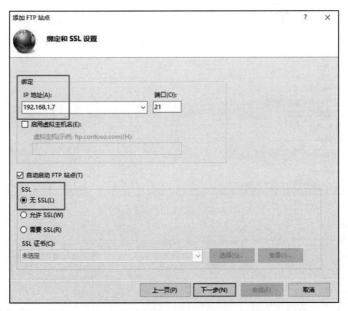

图 6-28 "绑定和 SLL 设置"对话框

(9) 双击桌面的"此电脑"图标,在地址栏中输入"ftp://设置的 IP 地址",按 Enter 键,如图 6-30 所示。

(10) 选中需要上传或下载的文件,通过利用 Ctrl+C 和 Ctrl+V 组合键来实现 FTP 服务器的上传和下载功能,如图 6-31 所示。

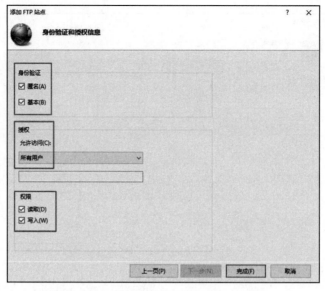

图 6-29 "身份认证和授权信息"对话框

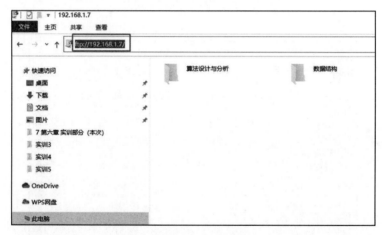

图 6-30 FTP 服务器窗口

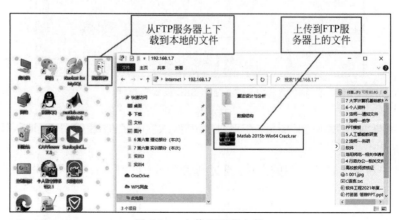

图 6-31 上传和下载文件

第 7 章　常用工具软件

本章主要介绍各种常用工具软件的使用方法,包括认识工具软件的基本分类、工具软件的获取方法、安装与卸载、启动与退出,以及 Adobe Acrobat PDF 编辑器、迅雷下载器、Windows Movie Maker 剪辑器等几种常用工具软件的相关知识和使用技巧。

7.1　编辑 PDF 文件

【实验目的】

(1) 学会将文本文件转化为 PDF 文件。
(2) 掌握 PDF 文件修改的方法。
(3) 掌握多个 PDF 文件合并的方法。

【知识储备】

Adobe Acrobat 是由 Adobe 公司开发的一款 PDF(Portable Document Format,便携式文档格式)编辑软件。使用 Adobe Acrobat 内置的 PDF 转换器,可以将纸质文档、电子表单 Excel、电子邮件、网站、照片、Flash 等各种内容扫描或转换为 PDF 文档;还可以编辑 PDF,将 PDF 文件转化为其他文件。该软件可以快速编辑 PDF 文档格式,在 PDF 文件中直接对文本和图像进行编辑、更改、删除、重新排序和旋转 PDF 页面,还可以将 PDF 文件导出为 Word 或 Excel 文件,并保留版面、格式和表单。

【实验任务】

使用 Adobe Acrobat 编辑 PDF 文件。
1) 任务描述

"七一讲话.pdf"文件中保存的是《在庆祝中国共产党成立 100 周年大会上的讲话》,将其进行重排、提取与合并。

2) 任务实现

(1) 组织页面与合并两个 PDF 文件。右击一个 PDF 文件,在弹出的快捷菜单中选中"使用 Adobe Acrobat DC 打开"选项,如图 7-1 所示。打开后界面如图 7-2 所示。

(2) 调换页面位置并提取前 4 页出来,可单击组织页面工具,如图 7-3 所示。

(3) 拖动第 1 页至第 2 页的位置,如图 7-4 所示。

(4) 选中前 4 页 PDF 页面,单击提取工具,合并成一个 PDF 文件,如图 7-5 所示。

(5) 提取的页面保存成新的 PDF 文件,如图 7-6 所示。

(6) 合并两个 PDF 文件。选中需要合并的 PDF 文件并右击,在弹出的快捷菜单中选中"在 Acrobat 中合并文件"选项,如图 7-7 所示。

(7) 在合并页面中,单击"合并文件"保存即可,可添加其他 PDF 文件,如图 7-8 所示。

图 7-1 使用 Adobe Acrobat 打开 PDF 文件

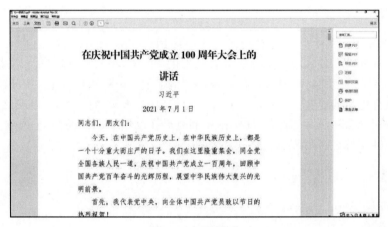

图 7-2 打开界面

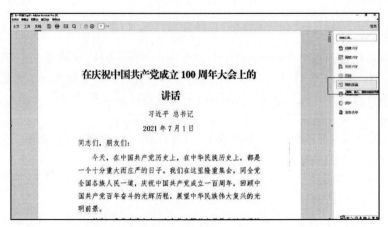

图 7-3 组织页面工具

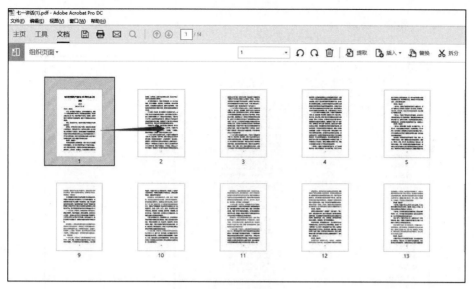

图 7-4　调整页面位置

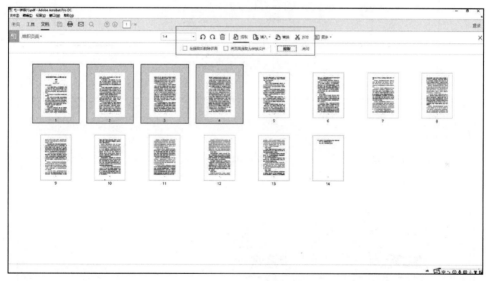

图 7-5　提取页面

图 7-6　保存文件

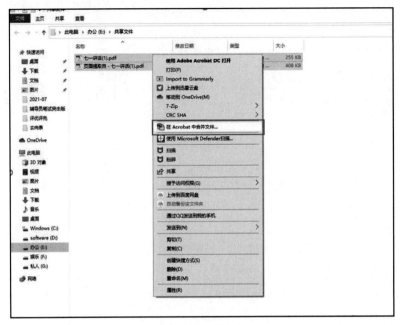

图 7-7 合并 PDF 文件

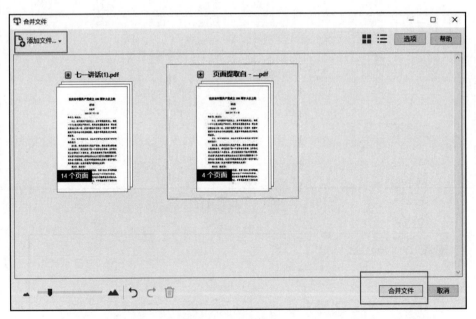

图 7-8 合并页面

• 166 •

7.2 下载电影

【实验目的】

（1）学会下载和安装下载工具软件。
（2）学会在网页中找到下载链接。
（3）掌握电影的下载和保存方法。

【知识储备】

下载工具是一种可以更快地从网上下载文本、图像、图像、视频、音频、动画等信息资源的国产软件。用下载工具下载资源迅速的原因在于采用了"多点连接（分段下载）"技术，充分利用了网络上的多余带宽；采用"断点续传"技术，随时接续上次中止部位继续下载，有效避免了重复劳动。大大节省了下载者的连线下载时间。

迅雷是一款基于多资源超线程技术的下载软件，作为"宽带时期的下载工具"，迅雷针对宽带用户做了优化，并同时推出了"智能下载"的服务。迅雷利用多资源超线程技术基于网格原理，能将网络上存在的服务器和计算机资源进行整合，构成迅雷网络，通过迅雷网络能够传递各种数据文件。

【实验任务】

使用迅雷下载多媒体文件。

1）任务描述

使用迅雷下载工具下载电影《金刚川》并保存在 F:盘"电影"文件夹中。

2）任务实现

（1）双击桌面上的图标，打开迅雷，如图 7-9 所示。

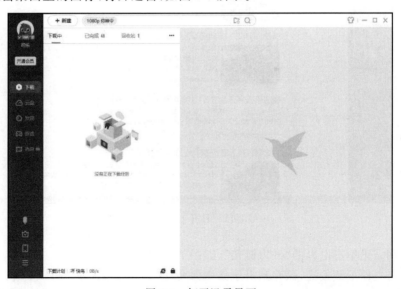

图 7-9 打开迅雷界面

（2）在搜索框中搜索所要下载的电影名称《金刚川》下载，如图7-10所示。

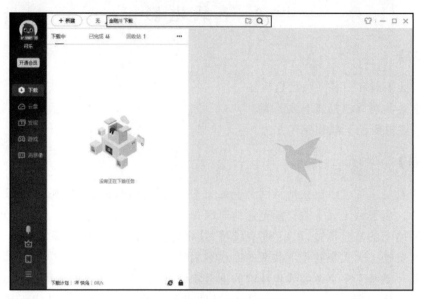

图7-10　搜索所要下载的电影

（3）在搜索页面中找到可以下载资源的网站，如图7-11所示。

图7-11　打开下载网站

（4）在网站里单击电影的"磁力链接"，如图7-12所示。
（5）单击立即下载按键，保存到自定义文件夹"电影"里，如图7-13所示。

图 7-12 单击"磁力链接"(1)

图 7-13 单击"磁力链接"(2)

(6) 开始电影下载,可开通会员提高下载速度,等待下载完成,也可边下边播,如图 7-14 所示。

(7) 下载完成,打开播放器播放即可观看,如图 7-15 所示。

图 7-14 下载界面

图 7-15 下载界面

7.3 剪辑音频

【实验目的】

(1) 掌握将音乐导入 Windows Movie Maker 程序。
(2) 掌握将音乐剪辑为若干个片段。
(3) 掌握将需要的片段进行副本保存。

【知识储备】

Windows Movie Maker 是 Windows 10 上附带的一个影视剪辑小软件。它功能简单，可以组合镜头、声音，加入镜头切换的特效，适合一些小规模影视剪辑处理。

【实验任务】

使用 Windows Movie Maker 编辑音频文件。

1) 任务描述

剪辑歌曲《唱支山歌给党听》副歌部分前 30s，导入本地作为手机铃声。

2) 任务实现

(1) 打开 Windows Movie Maker 程序，选中"导入音频或音乐"选项，如图 7-16 所示。

图 7-16 导入音乐

(2) 选中导入的音乐，单击"播放"按钮，当播放到 1 分 33 秒时单击"暂停"按钮。也可以直接拖动播放滑块到起始点。这一步很重要，是要确定剪辑开始的地方，如图 7-17 所示。

(3) 选中"剪辑"|"拆分"菜单选项，如图 7-18 所示。

(4) 这样一来，原来的音乐素材就被一分为二，第一个片段是不要的，单击选中第二个片段，单击"播放"按钮，直到需要结束处单击"暂停"按钮，也可以直接拖动播放滑块到需要终止的点。选中"剪辑"|"拆分"菜单选项，把视频一分为二，如图 7-19 所示。

(5) 把需要留下的部分拖到时间轴。第一和第三个片段是不要的，留下第二个片段。右击第二个片段，即"唱支山歌给党听(1)"，选中添加到时间轴。还可以把音频分割成若干

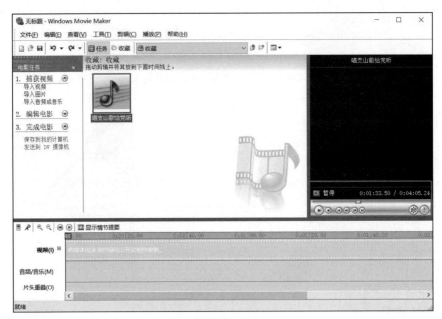

图 7-17 确定剪辑起始点

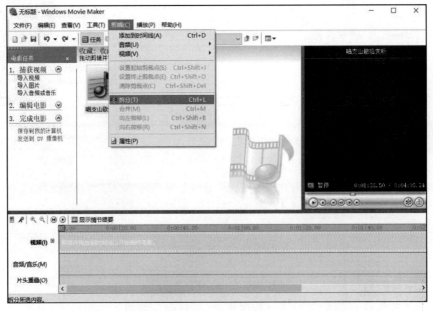

图 7-18 拆分音乐

个不连续片段,然后把需要的片段都添加到时间轴并进行合并,如图 7-20 所示。

(6)保存和转换格式。选中"3.完成电影"|"保存到我的计算机"选项,完成音频的剪辑和保存任务。保存格式是 WMA,如果需要转换成 MP3,可以使用格式工厂或其他工具进行转换,如图 7-21 所示。

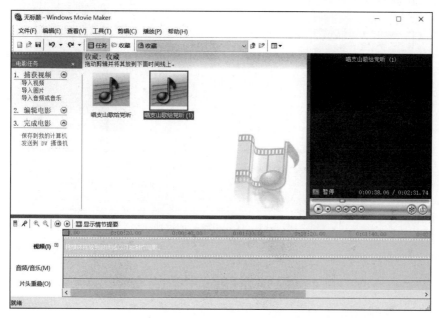

图 7-19 剪辑音乐

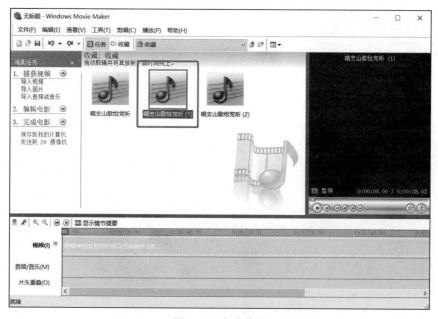

图 7-20 完成剪辑

图 7-21 保存剪辑后的歌曲

7.4 识别新闻图片中的文字

【实验目的】

(1) 掌握文字识别的基本概念。
(2) 学会将图片转化为文字。

【知识储备】

计算机文字识别(Optical Character Recognition,OCR)是利用光学技术和计算机技术把印在或写在纸上的文字读取出来,并转换成一种计算机能够识别、人又可以理解的格式。OCR 技术是实现文字高速录入的一项关键技术。天若 OCR 文字识别是 Windows 环境下一款非常好用的文字识别软件,可别具特色地将截图与 OCR 相结合,使用起来非常便捷,而且功能也很丰富,主要包含识别文字、识别翻译、截图、贴图、录制 GIF、右键菜单等功能。

【实验任务】

使用天若 OCR 文字识别软件截取文字。
1) 任务描述
将《人民日报》热评文章的截图使用天若 OCR 文字识别软件转化为 Word 文档。
2) 任务实现
(1) 打开天若 OCR 文字识别软件,主界面如图 7-22 所示。
(2) 打开《人民日报》需要识别的图片,放大需要转化的文字部分,如图 7-23 所示。
(3) 单击天若 OCR 文字识别的文本识别按钮 T 。
(4) 按住鼠标左键进行截图操作,即截选需要转化为文字的那一部分图片。松手后识别出的文字会自动显示在天若 OCR 文字识别的主界面上,如图 7-24 所示。

图 7-22　天若文字识别的主界面

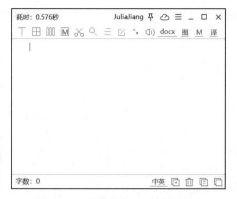

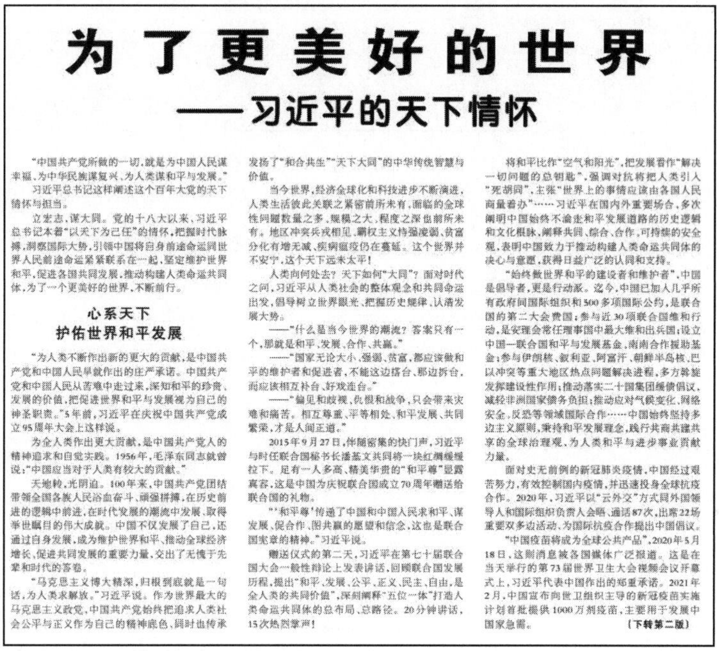

为了更美好的世界

——习近平的天下情怀

“中国共产党所做的一切，就是为中国人民谋幸福、为中华民族谋复兴、为人类谋和平与发展。”

习近平总书记这样阐述这个百年大党的天下情怀与担当。

立宏志，谋大同。党的十八大以来，习近平总书记本着“以天下为己任”的情怀，把握时代脉搏，洞察国际大势，引领中国将自身前途命运同世界人民前途命运紧紧联系在一起，坚定维护世界和平，促进各国共同发展，推动构建人类命运共同体，为了一个更美好的世界，不断前行。

心系天下 护佑世界和平发展

“为人类不断作出新的更大的贡献，是中国共产党和中国人民早就作出的庄严承诺。中国共产党和中国人民从苦难中走过来，深知和平的珍贵、发展的价值，把促进世界和平与发展视为自己的神圣职责。”5年前，习近平在庆祝中国共产党成立95周年大会上这样说。

为全人类作出更大贡献，是中国共产党人的精神追求和自觉实践。1956年，毛泽东同志就曾说：“中国应当对于人类有较大的贡献。”

天地转，光阴迫。100年来，中国共产党团结带领全国各族人民浴血奋斗、顽强拼搏，在历史前进的逻辑中前进，在时代发展的潮流中发展，取得举世瞩目的伟大成就。中国不仅发展了自己，还通过自身发展，成为维护世界和平、推动全球经济增长、促进共同发展的重要力量，交出了无愧于先辈和时代的答卷。

“马克思主义博大精深，归根到底就是一句话，为人类求解放。”习近平说。作为世界最大的马克思主义政党，中国共产党始终把追求人类社会公平与正义作为自己的精神底色，同时也传承发扬了“和合共生”“天下大同”的中华传统智慧与价值。

当今世界，经济全球化和科技进步不断演进，人类生活彼此关联之紧密前所未有，面临的全球性问题数量之多、规模之大、程度之深也前所未有。地区冲突兵戎相见、霸权主义恃强凌弱、贫富分化有增无减、疾病瘟疫仍在蔓延。这个世界并不安宁，这个天下远未太平！

人类向何处去？天下如何“大同”？面对时代之问，习近平从人类社会的整体观念和共同命运出发，倡导树立世界眼光、把握历史规律、认清发展大势。

——“什么是当今世界的潮流？答案只有一个，那就是和平、发展、合作、共赢。”

——“国家无论大小、强弱、贫富，都应该做和平的维护者和促进者，不能这边搭台、那边拆台，而应该相互补台、好戏连台。”

——“偏见和歧视、仇恨和战争，只会带来灾难和痛苦。相互尊重、平等相处、和平发展、共同繁荣，才是人间正道。”

2015年9月27日，伴随密集的快门声，习近平与时任联合国秘书长潘基文共同将一块红绸缓缓拉下。足有一人多高、精美华贵的“和平尊”显露真容，这是中国为庆祝联合国成立70周年赠送给联合国的礼物。

“‘和平尊’传递了中国和中国人民求和平、谋发展、促合作、图共赢的愿望和信念，这也是联合国宪章的精神。”习近平说。

赠送仪式的第二天，习近平在第七十届联合国大会一般性辩论上发表讲话，回顾联合国发展历程，提出“和平、发展、公平、正义、民主、自由，是全人类的共同价值”，深刻阐释“五位一体”打造人类命运共同体的总布局、总路径。20分钟讲话，15次热烈掌声！

将和平比作“空气和阳光”，把发展看作“解决一切问题的总钥匙”，强调对抗将把人类引入“死胡同”，主张“世界上的事情应该由各国人民商量着办”……习近平在国内外重要场合，多次阐明中国始终不渝走和平发展道路的历史逻辑和文化根脉，阐释共同、综合、合作、可持续的安全观，表明中国致力于推动构建人类命运共同体的决心与意愿，获得日益广泛的认同和支持。

“始终做世界和平的建设者和维护者”，中国是倡导者，更是行动派。迄今，中国已加入几乎所有政府间国际组织和500多项国际公约，是联合国的第二大会费国；参与近30项联合国维和行动，是安理会常任理事国中最大维和出兵国；设立中国—联合国和平与发展基金，南南合作援助基金；参与伊朗核、叙利亚、阿富汗、朝鲜半岛核、巴以冲突等重大地区热点问题解决进程，多方斡旋发挥建设性作用；推动落实二十国集团缓债倡议，减轻非洲国家债务负担；推动应对气候变化、网络安全、反恐等领域国际合作……中国始终坚持多边主义原则，秉持和平发展理念，践行共商共建共享的全球治理观，为人类和平与进步事业贡献力量。

面对史无前例的新冠肺炎疫情，中国经过艰苦努力，有效控制国内疫情，并迅速投身全球抗疫合作。2020年，习近平以“云外交”方式同外国领导人和国际组织负责人会晤、通话87次，出席22场重要双多边活动，为国际抗疫合作提出中国倡议。

“中国疫苗将成为全球公共产品”，2020年5月18日，这则消息被各国媒体广泛报道。这是在当天举行的第73届世界卫生大会视频会议开幕式上，习近平代表中国作出的郑重承诺。2021年2月，中国宣布向世卫组织主导的新冠疫苗实施计划首批提供1000万剂疫苗，主要用于发展中国家急需。

（下转第二版）

图 7-23　《人民日报》新闻图片

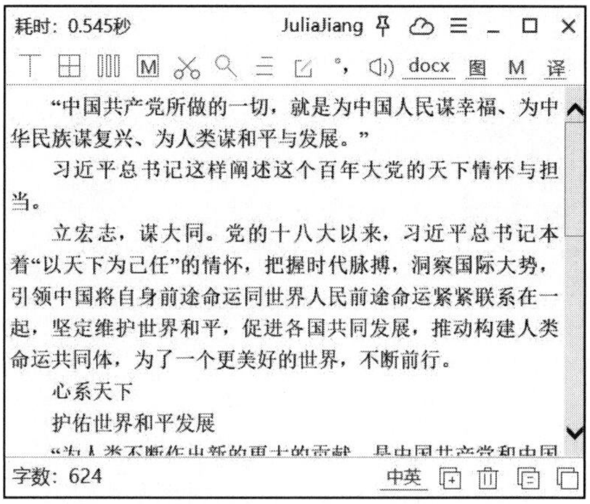

图 7-24　文字识别的结果

(5)单击主界面的 docx 按钮转化为 Word 文档进行保存,如图 7-25 所示。

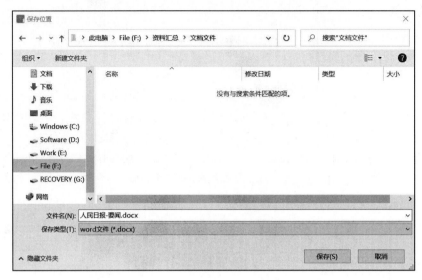

图 7-25 保存成 Word 文档

第 8 章 用计算机进行图像处理

图像处理是对已有的位图图像进行编辑处理制作一些特殊效果,其重点在于对图像的处理加工。在表现图像中的阴影和色彩的细微变化方面或者进行一些特殊效果处理时,使用位图形式是最佳的选择,它在这方面的优点是矢量图无法比拟的。

本章主要介绍 3 款平面处理软件:Photoshop 2019 主要应用于静态图片处理,美图秀秀可以批处理图片,Ulead GIF Animato 可以制作动态图片和进行简单的视频处理。

8.1 滤镜抠图

【实验目的】

(1) 了解滤镜、干笔画等的概念。
(2) 掌握滤镜设置的方法。
(3) 了解蒙版的概念。
(4) 掌握蒙版设置的方法。
(5) 掌握灰度的调配方法。

【知识储备】

通过 Photoshop 2019,掌握绘画的基础理论,学习色彩原理和颜色选取、范围选取、工具与绘图、图像编辑、控制图像色彩和色调,以及图层、路径、通道和蒙版、滤镜的应用等。

【实验任务】

利用滤镜合成图片。

1) 任务描述

将图片通过滤镜和蒙版命令,使灰色天空图片达到蓝天白云的美化效果。

2) 任务实现

(1) 打开如图 8-1 所示的图片,按 Ctrl+J 组合键,复制一层,便于对比查看调整前后的效果,然后选中"滤镜"|"滤镜库"|"艺术效果"|"干笔画"菜单项,在弹出的"干笔画"对话框中把参数调成如图 8-2 所示。

(2) 选中"滤镜"|"油画"菜单项,在弹出的"油画"对话框中设置具体参数,如 8-3 所示。

(3) 选中"滤镜"|"Camera raw 滤镜"菜单项,在弹出的"滤镜参数"对话框中设置具体参数,如图 8-4 所示。这一步,调整参数本着曝光增强对比减少,阴影和黑色参数调为最大,清晰度和自然饱和度适当增加的原则,如图 8-5 所示,直到画面变得像一幅画为止。

(4) 细节调整最大,蒙版指数调整时按住 Alt 键,观察画面,黑白对比比较强烈即可,如图 8-6 所示。

图 8-1 原图

图 8-2 干画笔参数　　　　　图 8-3 画笔参数

图 8-4 滤镜参数　　　　　图 8-5 调整细节

图 8-6 黑白对比

（5）根据画面的不同做适当的调整，如图 8-7 所示。

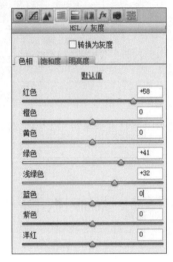

图 8-7 调色面板

（6）抠图。把如图 8-9 所示的抠出的天空图片与图 8-8 合并，形成新的图片效果，如图 8-10 所示。

图 8-8 抠图效果

图 8-9 天空

图 8-10 合并效果图完成后的图形

(7) 在合并效果图上添加字幕。

8.2 蒙版抠图

【实验目的】

(1) 了解图层、蒙版的概念和使用方法。
(2) 掌握"快速蒙版"进行抠图操作的方法。
(3) 掌握"图层蒙版"产生两幅图像的叠加效果。
(4) 掌握"图层蒙版"产生图像的淡入效果的方法。

【知识储备】

通过 Photoshop 2019 掌握绘画的基础理论,学习图层、蒙版原理和操作的方法。

【实验任务】

利用蒙版合成图片。

1) 任务描述

通过本案例了解图层蒙版的概念,学会新建图层、删除图层和复制图层的方法。通过对蒙版的学习掌握"图层蒙版"产生二幅图像的叠加效果、图像的淡入效果。

2）任务实现

（1）利用"快速蒙版"进行抠图操作。

在图像处理中，经常利用"快速蒙版"来产生各种复杂的选区，进行抠图操作。如图8-11所示，要将人物从浅色的背景中抠出来。

图8-11 蒙版抠图

可利用"魔棒工具"选择背景之后再反选，图中选区是应用"魔棒"之后的效果。此时可再单击工具栏中的"快速蒙版"工具进入快速蒙版编辑模式，可见原选区以外呈半透明的红色。按X键可完成前景和背景的快速切换，可换用不同粗细的"毛笔"以适应不同场合，还可以配合使用"放大"工具，将图像放大以便更好及更细致地操作。如此交替多次，也可单击"标准编辑模式"按钮将其变换成选区进行查看，直到达到满意的效果。

（2）利用"图层蒙版"产生两幅图像的叠加效果。

给目标图层加上"图层蒙版"时，不管当前图像是否是彩色模式，蒙版上只能填上黑白的255级灰度图像，且蒙版上不同的黑、白、灰色色调可控制目标图层上像素的透明度，即蒙版白色部位，相当于图层上图像效果为不透明；蒙版黑色部分，相当图层上的图像效果为不透明；蒙版黑色部分，相当图层上的图像为全透明；蒙版呈不同灰色，图像呈不同程度的透明状态。

下面有两幅图，一幅为长城图片，另一幅为蓝天白云图片，如图8-12所示。

图8-12 长城和天空照片

现在要把白云图片嵌入长城图片中制作成如图 8-13 所示的效果。用 Photpshop 打开长城和天空图片,选中天空图片,用快速选取工具选取抠图区域的白云。选中"图层"选项卡"图层蒙版"组中"显示选区"选项,然后按 Ctrl+C 键复制选中的白云图片,返回打开的长城图片,按 Ctrl+V 键把白云粘贴到长城图片上,再通过移动工具把白云移到合适的位置,完成抠图如图 8-13 所示。

(3) 利用"图层蒙版"产生图像的淡入效果。

由于"图层蒙版"的特殊作用,使得可以在蒙版上通过添加黑白渐变,选区羽化等手段来产生两幅图像的自然融合效果及图像的渐隐效果。

蒙版上选区如果无羽化值,在选区填充黑色后,上下两图层上的图像存在清淅的边界;蒙版上选区如果有羽化值,在选区填充黑色后,上下两图层上的图像呈自然过渡;且羽化不同,对其效果不同。

蒙版上添加白黑渐变,则该图层呈渐隐效果。

下面 3 幅图,分别是天安门城楼、城市风光及万里长城。现要将 3 幅图融合成如图 8-14 所示的新图像,各图层之间自然过渡,不留下任何痕迹。

图 8-13　合成图片　　　　　图 8-14　香港与祖国相融

可将前两幅图分别全部选中,复制到第 3 幅图中生成图层 1 及图层 2,并将图层 1 及图层 2 缩小变换至合适的位置。在图层 1 及图层 2 中各添加一个"图层蒙版",并在两蒙版上分别添加白黑渐变,让其所覆盖的图层呈渐隐状态。调整好渐变编辑器的白黑比例,可以得到很好的图像淡入及融合效果。

8.3　制作雾状效果

【实验目的】

(1) 了解泼溅笔刷的使用方法。

(2) 掌握图层操作的方法。

(3) 掌握栅格化图层的使用方法。

(4) 掌握新建图层、删除图层、隐藏图层的方法。

(5) 掌握"高斯模糊"滤镜的使用方法。

【知识储备】

Photoshop 2019 掌握绘画的基础理论，新建图层、删除图层、隐藏图层的方法。掌握"高斯模糊"滤镜的使用方法。

【实验任务】

泼溅笔刷和栅格化图层的使用。

1) 任务描述

通过本案例掌握泼溅笔刷和栅格化图层的基本方法，学会图片的内发光、外发光的设置方法。

2) 任务实现

(1) 创建新文档尺寸为 1024×768px 背景色填充为黑色。新建一个图层用泼溅笔刷在画面中央做一些泼溅效果，如图 8-15 所示。

(2) 右击图层，在弹出的快捷菜单中选中"混合"选项，弹出"图层样式"对话框。添加外发光样式设置参数如下。现在要栅格化图层，因为要对图层进行整体的编辑，有两种方法比较常用，一是在图层调板菜单（位于图层面板的右上角）选择转换为智能对象；二是在泼溅图层的下面新建一个图层，选中泼溅图层，选中"图层"|"向下合并"菜单选项。本例推荐用第一种。

(3) 现在需要一张类似与墙壁，混凝土，岩石或者沙粒的图片，最好有张风蚀的混凝土材质。打开后放在 Photoshop 中泼溅图层的上面，按住 Alt 键在两图层之间单击，创建混凝土材质的剪贴蒙版，效果如图 8-16 所示。

图 8-15　泼溅图层

图 8-16　剪贴蒙版

(4) 现在加入一些文字，要一种非正式的字体，如图 8-17 所示。输入大写的 PSD 字母，可以加入空格。然后打开"窗口"菜单，在"窗口"菜单中选择"字符"命令。调节相关设置做成如图 8-17(a)所示。

(5) 复制图层为新图层（按 Ctrl+J 组合键）然后隐藏原图层。这样相当于给原文字图层做了备份,如果不出现什么错误的话就一直隐藏该图层。可以把新复制的图层放在图层最上边。一般情况下,复制图层为新图层就是要把原来的图层做个备份,然后把复制来的图层放在最上层进行操作。

(6) 选中"滤镜"|"模糊"|"高斯模糊"选项,在弹出的对话框中设置半径值为13px。复制一次该图层,这样可以让字体变亮些,如图8-17(b)所示。

(a) 添加文字　　　　　　　　　　　　(b) 添加滤镜模糊

图 8-17　文字效果

(7) 选中画笔工具,用软的圆头差不多30px大小的笔刷添加一点凌乱的线条,参考图8-18(a)。再执行高斯模糊滤镜,半径13px。因为上一步执行过这个滤镜,简洁操作可以是按Ctrl+F组合键。

(8) 把步骤(5)中隐藏的文字图层复制一次,执行高斯模糊,半径为5px。这一步不可用Ctrl+F组合键,模糊半径不一样,如图8-18(b)所示。

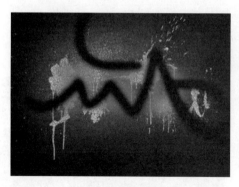 

(a) 添加凌乱线条　　　　　　　　　　(b) 高斯模糊

图 8-18　添加凌乱线条

(9) 给新建的文字图层设置图层样式,包括外发光、内发光和颜色叠加如图8-19~图8-21所示。

(10) 曾经给"混凝土材质"图层做过备份,现在复制图层为新图层并移到图层最上面,图层不透明度设置为30%混合模式为正片叠底,这样它就不会影响到背景图层,背景不曾不会变黑了,如图8-22所示。

(11) 选中画笔工具中大的软笔刷,新建一个图层,添加一些很亮的颜色,参考图8-23。

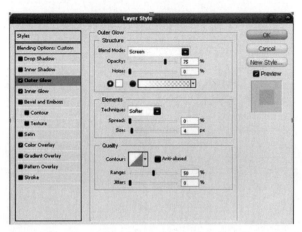

图 8-19 外发光设置

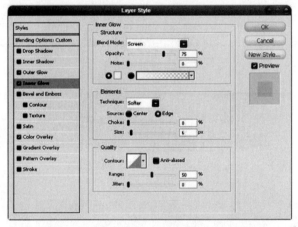

图 8-20 内发光设置

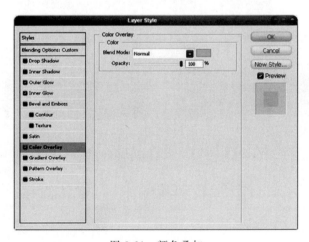

图 8-21 颜色叠加

(12) 选中"滤镜"|"模糊滤镜"菜单项,设置半径值为"50"。再设置图层混合模式为叠加。在下面添加了文字效果,完成后的效果如图 8-24 所示。

图 8-22 备份图层

图 8-23 软笔刷添加颜色

图 8-24 完成图

8.4 制作"我和我的祖国"宣传海报

【实验目的】

(1) 学会绘制简单图形。
(2) 掌握合并图像设置的方法。
(3) 了解选区的概念。

(4) 掌握漆桶桶设置的方法。

(5) 掌握抠图方法。

【知识储备】

祖国之爱融于每个中国人的心中,当奥运会上五星红旗冉冉升起,当神州七号遨游太空,把光荣与梦想化作了对祖国最深沉的爱,也把对祖国的深情汇集成流淌的歌声:我和我的祖国就像大海和浪花一朵,就像高山与小河的环绕依托;我和我的祖国一刻也不能分割,无论我走在哪里永远紧依着您的心窝……

【实验任务】

(1) 打开 Photoshop 软件,新建一个 1024×1024 的白色画布,保存为"我和我的祖国.psd"宣传海报。

(2) 新建图层,并命名为"红色矩形",选择矩形工具,并将其填充颜色调整为大红色,在画布的下方绘制一个矩形,如图 8-25 所示。

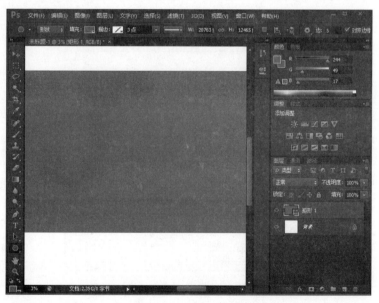

图 8-25　校旗背景图

(3) 打开图片"我和我的祖国",如图 8-26 所示。

(4) 选中"图像"|"画像大小"菜单项,在弹出的"画像大小"对话框中依照图 8-27 进行设置。

(5) 选中魔棒工具,将容差设置为"20",选取"我和我的祖国"文字,按 Ctrl+C 组合键进行复制,如图 8-28 所示。

(6) 返回"我和我的祖国"宣传海报文件,新建图层,图层命名为"我和我的祖国"按 Ctrl+V 组合键,在矩形图层上出现"我和我的祖国"文字,使用 Ctrl+T 组合键,打开应用变换工具改变文字的大小,把图片调到合适的位置和大小,如图 8-29 所示。

(7) 返回"我和我的祖国 1"文件,打开图片"我和我的祖国 1",如图 8-30 所示。

图 8-26 我和我的祖国

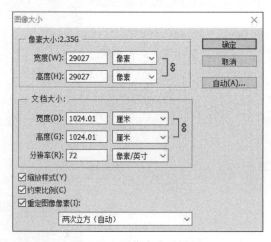

图 8-27 画像大小对话框

(8)选中魔棒工具,将容差设置为"40",选中"华表"图像,按 Ctrl+C 组合键进行复制,如图 8-31 所示。

(9)返回"我和我的祖国"海报宣传文件,新建一个图层,并命名为"华表",按 Ctrl+V 组合键,在"红色矩形"图层上出现"华表"图像,按 Ctrl+T 组合键,打开应用变换工具改变图像的大小,把图片调到合适的位置和大小,如图 8-32 所示。

(10)返回"我和我的祖国1"文件,选中魔棒工具,将容差设置为"40",选取"天安门"图像,按 Ctrl+C 组合键进行复制,返回"我和我的祖国"宣传海报文件,新建"图层",图层命名为"天安门",按 Ctrl+V 组合键,在矩形图层上出现"天安门"图像,此时使用 Ctrl+T 组合键打开应用变换工具改变图像的大小,把图片调到合适的大小,"天安门"图像放到"我和我的祖国"文字下方,保存文件。海报最终效果图如图 8-33 所示。

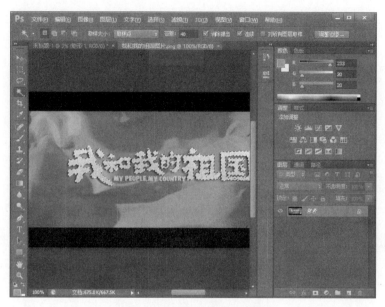

图 8-28 魔棒工具容差设置

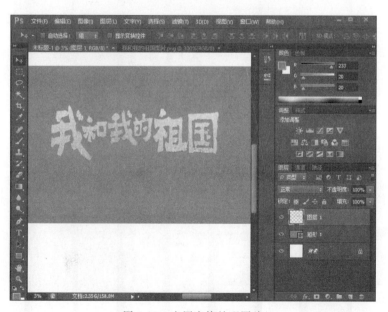

图 8-29 应用变换处理图片

图 8-30 我和我的祖国

图 8-31 用"魔棒"选取"华表"图像

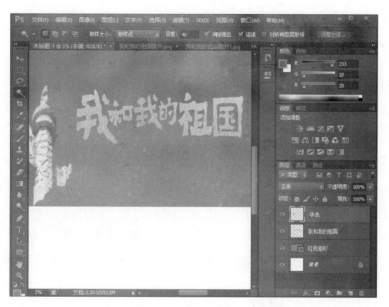

图 8-32 "我和我的祖国"宣传海报

图 8-33 "我和我的祖国"宣传海报

8.5 制作证件照

【实验目的】

(1) 学会使用美图秀秀处理图片的方法。
(2) 掌握合并图像设置的方法。
(3) 了解选区的概念。
(4) 掌握"油漆桶"工具的使用方法。
(5) 掌握抠图方法。

【知识储备】

证件照是各种证件上用来证明持有者身份的照片。证件照要求是免冠正面照,照片上正常应该看到人的两耳轮廓和相当于男士的喉结处的地方,背景色多为红、蓝、白3种,尺寸大小多为1in 或 2in。生活中证件照用的非常普遍,因此学会处理照片,制作个人证件照变得尤为重要。

1) 背景颜色

(1) 白色背景:用于护照、签证、驾驶证、身份证、二代身份证、驾驶证、黑白证件、医保卡、港澳通行证等。

(2) 蓝色背景:用于毕业证、工作证、简历等(蓝色数值为 R:0 G:191 B:243 或 C:67 M:2 Y:0 K:0)。

(3) 红色背景:用于保险、医保、IC 卡、暂住证、结婚照(红色数值为 R:255 G:0 B:0 或 C:0 M:99 Y:100 K:0)。

2) 照片尺寸

国际上通行的标准均以英寸(in)为单位,1in≈2.54cm,"小一寸"证件照(身份证大头照)的尺寸为 2.2 cm×3.2cm、"一寸"证件照的尺寸为 2.5cm×3.5cm、"大一寸"证件照(护照)的尺寸为 3.3cm×4.8cm、"小二寸"证件照的尺寸为 3.5cm×4.5cm、"二寸"证件照的尺寸为 3.5cm×5.3cm、"五寸"证件照的尺寸为 12.7cm×8.9cm。美图秀秀可以将个人生活照通过"证件照设计"功能来设计和处理成个人证件照。

【实验任务】

(1) 首先,打开美图秀秀软件选择需要制作的图片,在美图秀秀界面中选中"证件照设计",保存为个人证件照,如图 8-34 所示。

(2) 打开希望编辑的照片,如图 8-35 所示。

(3) 在"证件照设计"窗口中选中"一寸"选项,打开图片后,自动弹出一个裁剪界面,如图 8-36 所示。

(4) 从 3 个人中选定要制作"一寸"照片的人物,设置图片的位置、大小、旋转角度,在虚线框内把图片调整到合适位置,如图 8-37 所示。

图 8-34　美图秀秀界面

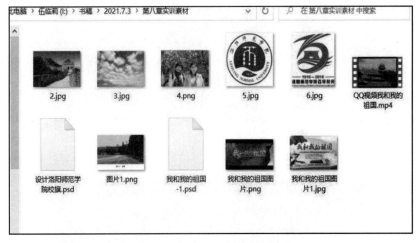

图 8-35　第 8 章实训素材库

(5) 如果照片需要改变底色,可单击左上角背景色,将会出现选定的背景色,如图 8-38 所示。

(6) 制作"二寸"照片,选中"二寸"选项,在打开的对话框中设置图片的位置、大小、旋转角度,在虚线框内把图片调整到合适位置,如图 8-39 所示。

(7) 制作其他尺寸的照片,选中"常用尺寸"选项,设置图片的位置、大小、旋转角度,在虚线框内把图片调整到合适位置,如图 8-40(a)所示,设置不同背景选中"背景色"选项,如图 8-40(b)所示。

图 8-36　家庭照

图 8-37　一寸照片

图 8-38　更换背景色

图 8-39　2 寸照片效果

(a) 常用尺寸　　　　　　(b) 背景色

图 8-40　常用尺寸和背景色

8.6　编辑"我和我的祖国"视频

【实验目的】

（1）学会 Ulead GIF Animato 处理图片的方法。

（2）掌握合并图像设置的方法。

（3）动态图片的处理。
（4）掌握简单视频处理的方法。

【知识储备】

视频编辑是将图片、背景音乐、视频等素材经过编辑后，生成视频的工具，除了简单的将各种素材合成视频，视频编辑软件通常还具有添加转场特效、MTV 字幕特效、添加文字注释的功能，因此视频编辑软件也属于多媒体视频编辑的范畴。

（1）视频文件导出作为视频编辑软件，最终生成模式必须为视频，导入视频而导出为其他模式的软件均不能称其为视频编辑软件。

（2）素材、特效的再加工视频编辑软件不仅仅是对素材的简单合成，还包括了对原有素材进行再加工，实现导出视频独特展示效果，例如图片间的转场特效、MTV 字幕同步、字幕特效、简单的视频截取等。

（3）生成通用视频格式视频编辑软件的最终合成视频格式通过为 VCD、SVCD、DVD、MPG 文件，是为了刻录光盘，实现家庭影碟机共享的需要。

【实验任务】

任务 1　视频格式转换

（1）打开 Ulead GIF Animato 软件，选中"视频转 GIF"选项，如图 8-41 所示。

图 8-41　视频转为 GIF 格式

（2）选中"我和我的祖国"视频文件，如图 8-42 所示。
（3）单击"导出 gif"按钮，将"我和我的祖国"视频转换为 GIF 格式，如图 8-43 所示。
（4）通过时间轴可以让视频停止到任意时间，如图 8-44 所示。

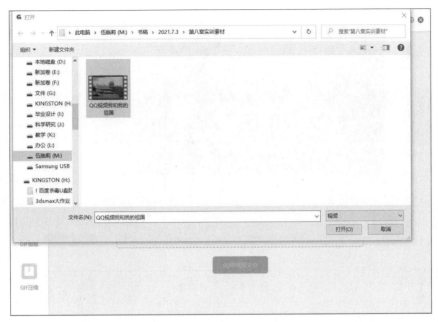

图 8-42 "我和我的祖国"视频

图 8-43 "我和我的祖国"视频格式转换

图 8-44 视频停止

任务 2 视频截图

(1) 打开 Ulead GIF Animato,选中"视频转 GIF"选项,选中"我和我的祖国"视频文件,用鼠标拉动视频下方时间轴,至希望截图视频的位置,如图 8-44 所示。

(2) 打开 QQ 软件,按 Ctrl+Alt+A 组合键截图,如图 8-45 所示。

图 8-45 最终效果

第 9 章　计算机信息安全

当今的社会是一个信息社会,信息无处不在。人们在享受信息带来的巨大利益的同时,也面临着信息安全的严峻考验。信息安全已成为世界性的现实问题,信息安全与国家安全、民族兴衰和战争胜负息息相关。通过本章的学习,可以了解信息安全的重要性以及常用的信息安全策略,掌握计算机防病毒软件的使用方法。

9.1　杀毒软件的安装和使用

【实验目的】

(1) 掌握杀毒软件的安装方法。
(2) 掌握使用杀毒软件对计算机进行杀毒的操作。
(3) 掌握 Windows 防火墙的设置方法。

【知识储备】

计算机病毒是指那些具有自我复制能力的计算机程序,它能影响计算机软件、硬件的正常运行,破坏数据的正确与完整。

计算机病毒具有破坏性、传染性、潜伏性、隐蔽性、不可预见性的特点。

典型的杀毒软件有从最早的进口软件卡巴斯基(Kaspersky)、迈克菲(McAfee)、爱维士(AVAST!)杀毒软件,到国产的江民、瑞星、腾讯电脑管家、金山安全卫士、360 杀毒等。

【实验任务】

任务 1　360 杀毒的安装及设置

1) 任务描述

掌握 360 杀毒的安装及设置方法。

2) 任务实现

要使用杀毒软件,首先要在计算机上安装杀毒软件,下面介绍从网络下载 360 杀毒安装程序以及在计算机上安装的方法。

(1) 首先在百度上搜索框输入 360 杀毒,然后下载,如图 9-1 所示。

(2) 下载完成后,双击打开图标,单击"立即安装"按钮,开始安装,如图 9-2 所示。

安装过程如图 9-3 所示。

安装完成后,如图 9-4 所示。

(3) 打开软件,单击右上角的设置按钮。弹出"360 杀毒 - 设置"对话框,选中"病毒扫描设置"选项,可以将病毒处理方式修改为"由 360 杀毒自动处理",如图 9-5 所示,这样可以避免处理不及时导致出现问题。

图 9-1　下载 360 杀毒

图 9-2　安装选项

图 9-3　安装进行过程

图 9-4 安装完成

图 9-5 病毒扫描设置

若窗口左下角显示"灰色雨伞",是因为没有开启引擎保护,如图9-6所示。

图9-6 灰色雨伞引擎保护按钮

单击开启小红伞引擎保护后,如图9-7所示。

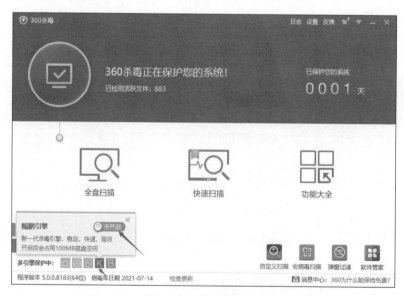

图9-7 开启引擎保护

任务2 360杀毒的使用

1)任务描述

掌握360杀毒的使用方法,能使用该软件对计算机上的病毒进行查杀,达到保护计算机安全的目的。

2)任务实现

软件安装完成后,就可以使用软件杀毒,保护计算机的安全了。

单击"全盘扫描"按钮,扫描所有磁盘,对系统彻底的检查,对计算机中的每一个文件都会进行检测,所以花费的时间是很长的,如图9-8所示。

图9-8 全盘扫描

单击"快速扫描"按钮,会对计算机中关键的位置以及容易受到木马侵袭的位置进行扫描。由于扫描的文较少,所以速度很快,故推荐使用,如图9-9所示。

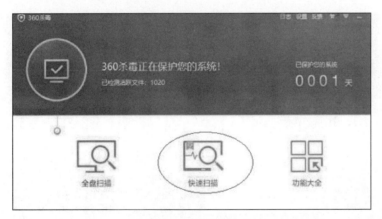

图9-9 快速扫描

若时间充裕,建议选择"全盘扫描"对计算机进行一次大检查,如果想快速检测计算机那么选择快速扫描就可以;快速扫描的界面如图9-10所示。

在360杀毒主界面还有功能大全选项,单击"功能大全"按钮后,会出现系统安全、系统优化、系统急救三大类选项,在各自的下方还有很多种功能,有需要的用户可以单击体验,如图9-11所示。

任务3　360安全卫士的使用

360安全卫士是一款由奇虎360公司推出的功能强、效果好、受用户欢迎的安全杀毒软件。360安全卫士拥有查杀木马、清理插件、修复漏洞、电脑体检、电脑救援、保护隐私,电脑

图 9-10 快速扫描界面

图 9-11 功能大全

专家,清理垃圾,清理痕迹多种功能。

　　360 安全卫士独创了木马防火墙、360 密盘等功能,依靠抢先侦测和云端鉴别,可全面、智能地拦截各类木马,保护用户的账号、隐私等重要信息。360 安全卫士使用极其方便实用。

　　360 安全卫士的安装方法与 360 杀毒相同,可参考前述的安装步骤。

1)任务描述

掌握360安全卫士的使用方法,能使用该软件对计算机进行"体检",对计算机上的木马进行查杀,对计算机上垃圾文件进行清理,对系统进行修复和优化加速,达到保护计算机安全的目的。

2)任务实现

(1)"电脑体检"。启动360安全卫士,看到如图9-12所示的提示。

图9-12 提示信息

单击"立刻体检"按钮,体检出问题后,单击"一键修复"按钮,如图9-13所示。

图9-13 "电脑体检"界面

（2）"木马查杀"。支持对计算机全盘杀毒或者指定位置进行扫描，当扫描到危险的文件之后会在提示后将文件放到隔离区，当确认文件安全之后，可以移到信任区，还可以对杀毒引擎进行更新。此外在网络上进行文件下载时会进行文件查杀，如图9-14所示。

图 9-14 木马查杀

（3）"电脑清理"。计算机运行久了，会产生很多垃圾文件，占用着系统的磁盘空间，"电脑清理"可以针对指定区域、系统盘、软件、注册表、Cookie等进行清除，让系统运行更加流畅，用360安全卫士清理计算机，如图9-15所示。

图 9-15 "电脑清理"初始界面

单击"全面清理"按钮,检测出计算机中存在的垃圾,如图9-16所示。

图 9-16　清理垃圾过程

单击"一键清理"按钮,清理完成后如图9-17所示。

图 9-17　清理完成

（4）系统修复。对补丁、漏洞、驱动以及软件进行检测和修复。针对恶意软件对计算机主页进行修改的问题,提供主页锁定功能,如图9-18所示。

单击"全面修复"按钮,即可完成修复,如图9-19所示。

图 9-18 系统修复初始界面

图 9-19 修复完成图

（5）优化加速。对开机时间、系统、网络和硬盘进行加速，并对开机启动项进行管理，增强用户体验，如图 9-20 所示。

单击"全面加速"按钮，进行计算机的优化加速，优化加速扫描如图 9-21 所示。

扫描完成后，单击"立即优化"按钮，即可完成计算机的优化加速，如图 9-22 所示。

（6）其余功能。功能大总全提供各种工具和日常出现计算机问题的案例，用户可以进行问题的诊断和修复，如图 9-23 所示。

图 9-20　优化加速初始界面

图 9-21　优化加速扫描

图 9-22 优化加速扫描完成

图 9-23 功能大全界面

9.2 Windows 防火墙的设置和应用

【实验目的】

掌握 Windows 防火墙的设置方法。

【知识储备】

防火墙是保护计算机网络安全的措施,可用来阻止黑客入侵的一条防线,也可以认为是进出网络的一道门槛,在网络边界上建立相应的网络系统来隔离内部网络和外部网络,以阻止外部网络的入侵,是保护计算机必不可少的设置,相当于为用户的计算机安装了一个验证的全天候监控程序的行为。简单地说,防火墙就像建筑内的防火墙一样保护用户的安全。

1) Windows 防火墙的作用

Windows 防火墙的作用如下。

(1) 防火墙是网络安全的屏障。一个防火墙能极大地提高一个内部网络的安全性,并通过过滤不安全的服务而降低风险。由于只有经过精心选择的应用协议才能通过防火墙,因此网络环境变得更安全。例如,防火墙能够禁止使用不安全的 NFS 协议进出受保护的网络,这样外部的攻击者就不可能利用这些脆弱的协议来攻击内部网络,防火墙同时能够保护网络免受基于路由的攻击。例如 IP 选项中的源路由攻击和 ICMP 重定向路径。

(2) 可以强化网络安全策略。通过以防火墙为中心的安全方案配置,可以将所有安全软件配置在防火墙上,与将网络安全问题分散到各个主机上相比,防火墙的集中安全管理更经济。

(3) 对发生在网络中的存取和访问操作进行监控审计。如果所有的访问都经过防火墙,则防火墙可以记录下这些访问并做出日志记录,同时也可以提供网络使用情况的统计数据,如果发生可疑动作,收集一个网络的使用和误用情况也是非常重要的,而网络使用统计对网络需求分析和威胁分析等来说也是非常重要的。

(4) 防止内部信息的外泄。通过防火墙对内部网络的划分,可实现内部网重点网段的隔离,从而限制了局部重点或敏感网络安全问题对全局网络造成的影响。隐私是内部网络非常关心的问题,一个内部网络中不引人注意的细节可能包含了有关安全的线索而引起外部攻击者的兴趣,甚至因此而暴露了内部网络的某些安全漏洞,使用防火墙就可以隐蔽那些透漏内部细节的服务。

2) Windows 防火墙的特点

Windows 防火墙的特点如下。

(1) 可以根据不同的使用环境自定义安全规则。在不同的计算机使用环境中,用户对防火墙安全性的要求不尽相同。例如,在办公室或家庭的局域网中,为方便局域网内用户互相传送文件或一起玩游戏,不需要太高的防火墙安全规则;而在需要经常使用公共 WiFi 上网的情况下,则不希望任何外部连接接入自己的计算机,需要设置比较高的防火墙安全规则。此时,Windows 自带的防火墙就提供可以针对不同的网络环境轻松进行不同定义设置,只需要选中 Windows 防火墙主界面左侧的"打开或关闭 Windows 防火墙"选项,即可打开防火墙的自定义界面,为连接家庭、工作局域网或公用网络设置不同的安全规则。

在两个网络中用户都可以选择"启用"和"关闭",也就是启用或者是禁用 Windows 防火墙。启用防火墙下还有两个复选框,一个是"阻止所有传入连接,包括位于允许程序列表中的程序",另一个是"Windows 防火墙阻止新程序时通知我"。当用户进入到一个不太安全的网络环境时,可以选中"阻止所有传入连接"复选框,禁止一切外部连接,即使是 Windows 防火墙设为"例外"的服务也会被阻止,为复杂环境中的计算机轻松提供严密的安全保护。

(2) 支持详细的软件个性化设置。用户可以单独允许某个程序通过防火墙进行通信,单击 Windows 防火墙主界面左侧的"允许程序或功能通过 Windows 防火墙"选项,列表中可以看到常用的网络软件。可以在这里通过选中相应的复选框允许或者阻止某个程序软件在家庭或者公用网络中的通信状态。如果需要添加允许通过 Windows 防火墙的程度或功能，只需要单击右下角"允许运行另一程序"按钮，即可设置需要通过防火墙的程序。

在"添加程序"界面中，可以手动选择程序列表中的程序，如有些程序没有出现在列表中，还可以单击"浏览"按钮，手动选择该程序所在地址。

（3）支持还原默认设置。当用户对防火墙设置不当，并且造成系统无法访问网络的状况，但是用户又不清楚到底怎么设置导致某些应用无法正常工作或者无法访问网络时，可以选中 Windows 防火墙主界面左侧的"还原默认设置"选项，将防火墙配置恢复到 Windows 防火墙的默认状态。

对于用户来说，防火墙是装机必备的软件之一，防火墙对于每一个计算机用户的重要性不言而喻，尤其是在当前网络广泛存在威胁的环境下，通过专业可靠的工具来保护自己计算机的信息安全十分重要。目前，市场上的杀毒软件种类繁多，但并不是所有的杀毒软件都具备防火墙的功能。对于一般用户，不必舍近求远，可以直接使用 Windows 操作系统自带的防火墙。它功能强大，简洁易用，操作简单，在默认情况下处于打开状态。

【实验任务】

任务 1　开启 Windows 防火墙

1）任务描述

通过下面的操作，掌握 Windows 防火墙的基本设置和使用方法。

2）任务实现

（1）在"开始"菜单中选中"Windows 系统"|"控制面板"选项，如图 9-24 所示。

图 9-24　打开控制面板

（2）打开控制面板，选中"系统和安全"选项，如图 9-25 所示。

（3）选中"Windows Defender 防火墙"选项，如图 9-26 所示。

（4）进入 Windows 防火墙后，上面显示的是专用网络，也就是家庭或工作防火墙（也就是局域网），下面是来宾或公用网络防火墙（外网）的当前设置，如图 9-27 所示。默认情况下，防火墙在所有的网络均为开启状态，Windows 防火墙对于只使用浏览、电子邮件等系统自带的网络应用程序，Windows 防火墙默认是不干预的。

（5）如果要更改防火墙的设置，可以单击左侧的启用或关闭 Windows Defender 防火

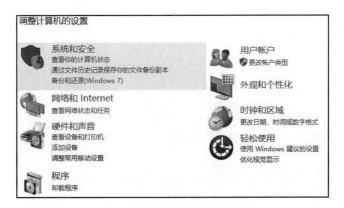

图 9-25 "系统和安全"选项

图 9-26 "Windows Defender 防火墙"选项

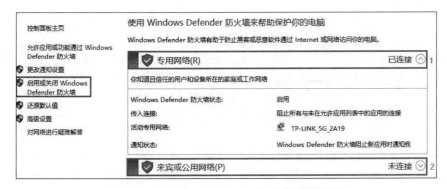

图 9-27 "Windows Defender 防火墙"设置界面

墙,在图示的位置按自己的需要进行防火墙打开或者关闭的设置,如图 9-28 所示。

(6) 在对 Windows 防火墙设置完成后,单击"确定"按钮,就生效了。在启用防火墙下面有"Windows 防火墙阻止新程序时通知我"选项。如果选中,则当安装新软件时,外部软件要访问本地计算机就必须经过允许;否则,就不会通知。

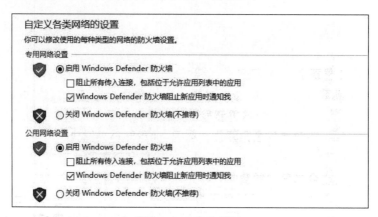

图 9-28 自定义设置

任务 2 设置应用程序通过 Windows 防火墙

1) 任务描述

设置应用程序通过 Windows 防火墙。

2) 任务实现

(1) 打开 Windows Defender 防火墙,在左侧选中"允许应用或功能通过 Windows Defender 防火墙"选项,如图 9-29 所示。

图 9-29 "允许应用或功能通过 Windows Defender 防火墙"选项

(2) 可以看到,在通过防火墙的程序的右边可以选择要使用哪个网络进行通过,如图 9-30 所示。

(3) 可通过单击"更改设置"按钮,更改允许通信的应用和功能的设置,也可以通过单击"更改设置"按钮,再单击"允许其他应用"按钮,允许其他应用通过防火墙。下面添加允许运行另一程序(添加新程序通过防火墙)。在"添加应用"对话框中,单击"浏览"按钮,在出现的"浏览"对话框中选中相应的程序,如图 9-31 所示。该程序即会出现在"添加应用"的应用项目下,如图 9-32 所示。单击"添加"按钮,即可设置该程序通过防火墙。

图 9-30 允许通过防火墙的程序列表

图 9-31 "浏览"对话框

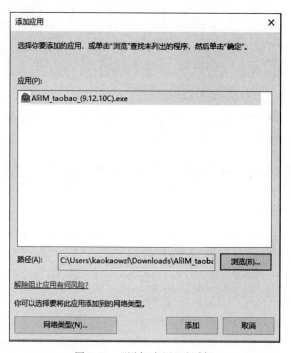

图 9-32 "添加应用"对话框

附录　主教材习题参考答案

习题 1

一、选择题

1. D   2. D   3. D   4. A
5. C   6. A   7. D   8. D
9. C   10. B

二、填空题

1. 晶体管   2. 内存储器   3. 外   4. 20
5. 400   6. 主板   7. 机器语言   8. 16
9. 20   10. USB

习题 2

一、选择题

1. B   2. B   3. B   4. D
5. A   6. C   7. A   8. A
9. B   10. C   11. A   12. B
13. B   14. B   15. C   16. C

二、填空题

1. 硬件软件
2. 名称、大小、日期、类型、自动
3. Ctrl+C、Ctrl+X、Ctrl+V
4. 只读、存档、隐藏
5. 结构、文件

习题 3

一、选择题

1. B   2. C   3. A   4. C
5. B   6. D   7. D   8. B
9. D   10. B   11. B   12. B
13. C   14. D   15. C

二、填空题

1. 段落   2. 插入   3. 选定   4. 横向、纵向
5. 插入   6. 页面设置   7. 加粗   8. 脚注和尾注
9. 插入   10. Enter

习题 4

一、选择题

1. C   2. B   3. C   4. B
5. C   6. D   7. D   8. C
9. B   10. A

二、填空题

1. Ctrl   2. 2040   3. AVERAGE   4. 2016-11-15
5. 行号 列标   6. 14   7. ＝C3＋E4   8. 不通过
9. ＃VALUE!   10. 相对引用

习题 5

一、选择题

1. C   2. C   3. A   4. C
5. D   6. A   7. B   8. A
9. B   10. D

二、填空题

1. 幻灯片浏览   2. 标题幻灯片   3. 设置背景格式   4. 开始
5. Esc   6. 切换   7. F5   8. 动画
9. 版式   10. 超链接

习题 6

一、选择题

1. A   2. B   3. D   4. A
5. D   6. D   7. A   8. D
9. B   10. C   11. B   12. D
13. A   14. B   15. C

二、填空题

1. Internet   2. ARPAnet   3. POP3   4. 域名系统
5. MAN   6. 资源共享   7. 传输介质   8. TCP/IP
9. C   10. 网络号

习题 7

一、选择题

1. B   2. A   3. B   4. D
5. A   6. B   7. A   8. B、A
9. A   10. D

二、填空题

1. 购买正版软件、通过互联网下载

2. 搜索器、索引器

3. 文件传送协议

4. 电子邮件客户端

5. 远程登录(Telnet)

6. Windows 共享

7. 获取、浏览、管理

8. RAR、ZIP

9. 主引导区、操作系统引导区

10. 磁盘分区

11. 系统信息检测、系统优化

12. 本地网、互联网

13. 网卡地址(MAC)

14. IPX 协议

15. 书籍阅读

习题 8

一、选择题

1. B	2. B	3. C	4. A
5. B	6. A	7. D	8. D
9. C	10. B	11. B	12. D
13. B	14. D	15. D	16. C
17. C	18. C		

二、填空题

1. 动态图片处理

2. 边框

3. 红、绿、蓝

4. 矢量图

5. 文字蒙版工具

6. 矢量图、位图

习题 9

一、选择题

1. D	2. A	3. D	4. D
5. C	6. C	7. C	8. D
9. D	10. D		

二、简答题

(略)

参 考 文 献

［1］ 教育部高等学校大学计算机课程教学指导委员会.大学计算机基础课程教学基本要求［M］.北京：高等教育出版社，2016.
［2］ 张永新.大学计算机基础实训［M］.北京：清华大学出版社，2020.
［3］ 甘勇 尚展垒，等.大学计算机基础实践教程［M］.微课版.4版.北京：人民邮电出版社，2020.
［4］ 赵晓波，尹明锂，喻衣鑫，等.计算机应用基础实践教程［M］.成都：电子科技大学出版社，2019.
［5］ 王鹏远，陈嬿玲，苏虹，等.大学计算机基础实践指导［M］.北京：中国铁道出版社，2019.
［6］ 熊福松，黄蔚，李小航.大计算机基础与计算思维［M］.北京：清华大学出版社，2018.
［7］ 赵晓波，尹明锂，喻衣鑫，等.计算机应用基础实践教程［M］.成都：电子科技大学出版社，2019.
［8］ 杨桦.计算机基础知识及基本操作技能［M］.成都：西南交通大学出版社，2014.
［9］ 徐栋，等.Office 2016办公应用立体化教程［M］.微课版.北京：人民邮电出版社，2020.
［10］ 龚静.计算机应用基础案例教程［M］.西安：电子科技大学出版社，2015.

图书资源支持

感谢您一直以来对清华版图书的支持和爱护。为了配合本书的使用,本书提供配套的资源,有需求的读者请扫描下方的"书圈"微信公众号二维码,在图书专区下载,也可以拨打电话或发送电子邮件咨询。

如果您在使用本书的过程中遇到了什么问题,或者有相关图书出版计划,也请您发邮件告诉我们,以便我们更好地为您服务。

我们的联系方式:

地　　址:北京市海淀区双清路学研大厦 A 座 714

邮　　编:100084

电　　话:010-83470236　010-83470237

客服邮箱:2301891038@qq.com

QQ:2301891038(请写明您的单位和姓名)

资源下载: 关注公众号"书圈"下载配套资源。

资源下载、样书申请

书 圈

图书案例

清华计算机学堂

观看课程直播